李 韬

茶人

美食作家

著有《辨饮中国茶》《一泡一品好茶香》《茶里光阴：二十四节气茶》《不负舌尖不负卿》《蔬食真味》《中国茶图鉴》。

微信公众号：

李韬茶与美食

如是茶席

李韬 著

江苏凤凰科学技术出版社 · 南京

图书在版编目(CIP)数据

如是茶席 / 李韬著.— 南京：江苏凤凰科学技术出版社，2021.11（2024.11重印）
(汉竹·健康爱家系列)
ISBN 978-7-5713-2330-1

Ⅰ.①如… Ⅱ.①李… Ⅲ.①茶文化-中国 Ⅳ.①TS971.21

中国版本图书馆CIP数据核字（2021）第174014号

凤凰汉竹

如是茶席

著　　者	李　韬
主　　编	汉　竹
责任编辑	刘玉锋　阮瑞雪
责任校对	仲　敏
责任监制	刘文洋
出版发行	江苏凤凰科学技术出版社
出版社地址	南京市湖南路1号A楼，邮编：210009
出版社网址	http://www.pspress.cn
印　　刷	南京新世纪联盟印务有限公司
开　　本	720 mm×1 000 mm　1/16
印　　张	15
插　　页	4
字　　数	200 000
版　　次	2021年11月第1版
印　　次	2024年11月第8次印刷
标准书号	ISBN 978-7-5713-2330-1
定　　价	78.00元（精）

月到天心处，风来水面时。
一般清意味，料得少人知。

自序

『如是』，通常有两个解释，一个是『像这样』，一个是『认可的，许可』。

我的茶事活动基本是围绕着『生活茶事』进行的——意即在生活中真实发生、确实那样操作，而不是提炼出来上升到一个或多个艺术场景的。这是『如是』的第一个意思。现在很流行的一句话是『生活需要仪式感』，我自己其实不太认可。生活确实需要一些程序、仪轨、步骤，以使某些事情显得重要、契合心境，其牢牢地以人的情绪为中心。如果重点是『仪式感』，那么往往会越行越偏，甚至为了追求虚幻的『仪式感』，干扰了正常的本真的生活。我认为的『如是』和『当下』是不可分的。不是完全没有计划，而是评估在那个情境中，我能不能摆设茶席？需要什么主题？当下能有什么器物？应该选择什么茶品？应该怎么配合茶席体现茶汤特点……超越当下，试图运用生活之外的诸多资源，一般可一而不可再。脱离生活营造的美，是易碎的，岂能长久？

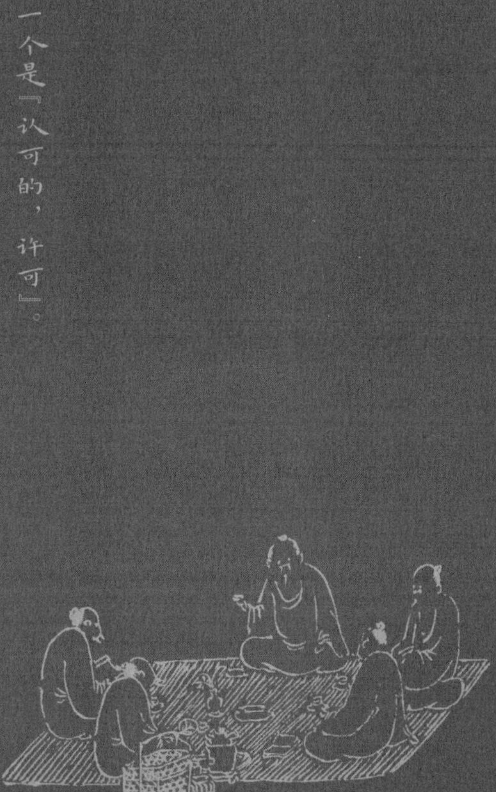

这本书中，所有茶席都是生活中的实例，以此展现了我生活的一部分。生活茶席复杂与否，对我来说，只有一个标准——内心对它认可不认可。不论准备事宜多么繁杂，器物多么难得，茶席展现多么有深意，只要你自己的内心并不因此觉得麻烦，是快乐的，那都不算复杂。一旦觉得这样布置茶席、这样喝茶成为负担，那就立刻停止。我日常生活的蜗居有一方小小的茶室，所以有常设的茶席。我虽每日皆要饮茶，茶席却不是日日更换，逢季节更替、二十四节气当候、重要的传统或现代节日之时，才会设置一个主题，布设茶席。这些时日，作为工作繁忙的打工人，我才能抽出时间、心力来做此事，享受自己的一方天地。这样的茶席，偶尔会有三五茶友，更多则是自己享受茶香。娱人开心，娱己更重要，那才是生活。

『自己』永远是生活的主角，自己安定、喜乐，才谈得上融入家庭、影响他人。我把自己对茶席的理解展现出来，是为了更好地利用茶、利用茶席来点亮自己的生活，虽然只是一时一刻、一隅空间，却能成为生活中步步向前的动力。而当这样的『我』越来越多，越来越成为『自己』，真正的文化自信就会显现，我们将迎来又一个文化盛世——生活处处皆体现文化。这也是我心底最真诚的祈盼。

万物皆有法，应作如是观。

目录

壹　茶事之悟，茶席之基

贰 器以茶用，器由心造

叁 茶水与茶食

肆 茶席美化

伍 如是茶席

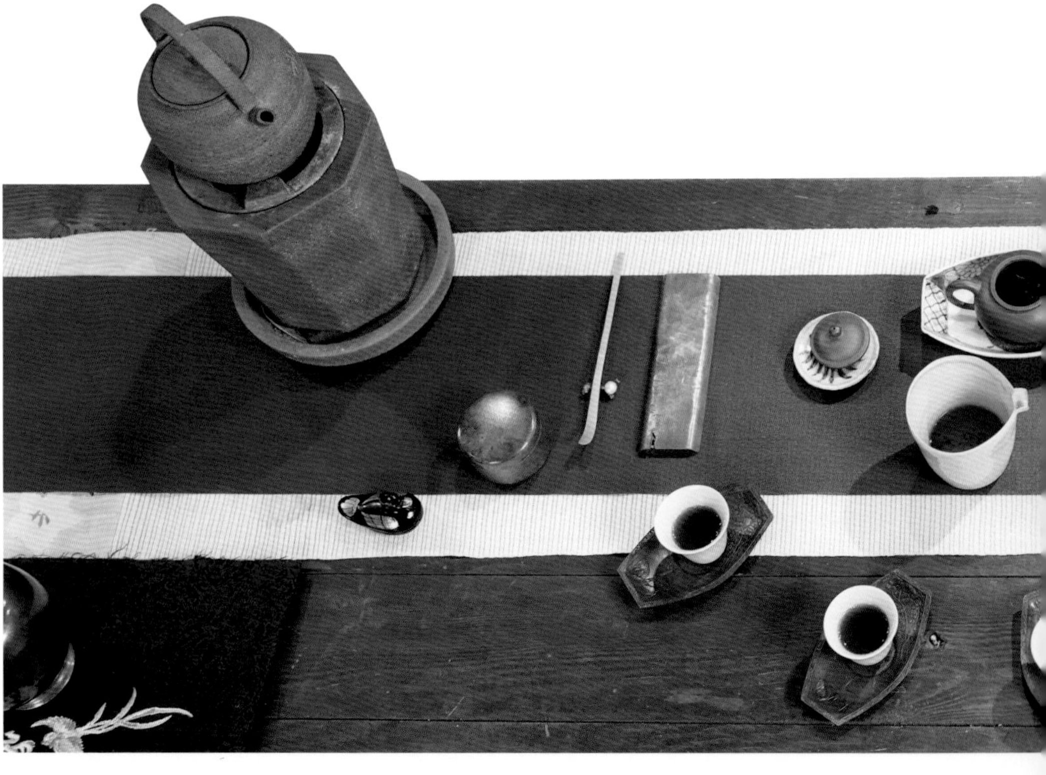

陆 岁时生活茶

扫一扫，看泡茶视频

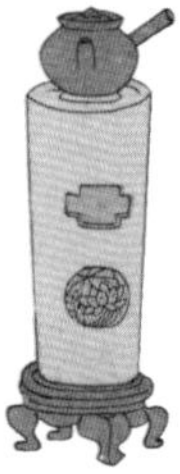

柒 行走的茶席

后记

泡茶自己喝，茶照亮你；
泡茶大家喝，茶照亮彼此。

清意境

壹

茶事之悟，茶席之基

茶事，是我们对茶的温柔试探；
茶席，是内心的体现。
当我们摆好茶席后，
所能做的就是泡好茶，
其他的便不在控制范围之内。

月到天心处，风来水面时。一般清意味，料得少人知。

“清意味”来源于邵雍的诗。“月到天心处，风来水面时。一般清意味，料得少人知。”月到天心，风来水面，境界虽美，可是深受物欲羁绊的人们，又有几人能够欣赏？当然，不是说我们都不爱财，而是说身心皆不应被钱财、声名、地位羁绊，反之，身边的美好都在虚无的追逐中被忽略，何谈抬头望向天空？人若回到本心，向内探寻，识得本心的光明澄澈，那么就能看到大自然中的皎洁月光，内心随之升起具有永恒之美的心灵之月，这种内在的愉悦才是难以言喻的。由此可知，要想享受清新淡雅的欢乐，比较易于实现的途径就是在心中留一方清净的空间。

我们的祖先在感知心灵、创造美的方面达到了后人难以企及的高度。科技发展到如今，我们的生产力水平远远超越了先人，但在审美方面，却是自叹弗如，为什么会这样？

翻阅先人的随笔、高僧大德的论述，翻阅那些凝结了中国古人智慧和审美的“天地观”的种种记载，我们看到的词汇更多是：高山、溪流、水谷、金刚、芬芳、花朵、树木、珍珠、曼陀罗……仅仅是看到这些文字我们就感受到了人生的美好。回到我们如今生活的信息时代，看到的词汇更多的是：竞争、努力、拼搏、汽车、房子、物价……这些词汇不足以带来心灵的滋养。在这样一个高速发展的时代，人的灵魂、人的内心往往滞留在原地。我们在很多时候高喊着“回到初心”，却往往力有不逮，身体一骑绝尘，孤独的心灵则彷徨于原地。

现实就是现实，不与现实较劲，但也要得寻一个适合自己的“法门”。有的朋友从山河壮美中找到了这个法门；有的朋友从佛法中寻获宁静；有的朋友将自己的情思诉诸书画……而我，选择了茶。不是单纯地喝，是喜欢，是投入，是小小的仪式感，感受沉浸其中，反求诸己。

不时有人问我："学茶是不是特别难？"为什么会觉得难呢？因为评判的标准是懂不懂茶。什么才是懂茶？这个很难界定。学茶、了解茶、懂茶，是一件多么好的事情。这件事情让我们在学习的过程中找到了一条路径，一条和大自然、世界、宇宙相通的路径。通过学茶，你可以真正睁开眼睛，放开耳朵，放松呼吸，柔软身心。我们由此真正地去触摸世界、感受天地，才能够在忙忙碌碌的红尘中，种下美的种子。所以说，学茶不应该被视为一件困难、有负担的事情，而应该成为一个人看待世界、美化生活，让自己过得更加开心舒畅的一个途径。一路上，可以让疲倦的身心得到能量的补充，这是一个很好的过程。

我认为茶需要被更多人知晓——真正的茶的观念、真正的泡茶方法、真正的茶的知识。它并不是一个高高在上的标准，而应该是我们在生活中滋养自己的一个途径。

一方面，虽然茶永远是茶事活动的主角，但我们不排斥布置茶席、插花、闻香、欣赏音乐，研究茶的流变，研究泡茶的方式和手法等。另一方面，应该看到茶背后隐藏的规律、美好、事物、原因。一个真正的茶人，在不断学习的过程中，所处的境界是不同的：逐渐看到自己，看到众生，看到天地；真正地发现自己，恭敬他人，敬畏天地。

忘茶之道

我经常与别人讨论“茶道”，真正的茶道是忘记茶。茶只是发现自己、保留美好的一个途径、一个媒介。一旦执着于“道”，往往就离真正的“道”更远了。一场茶事无论多么轰动，在多年之后，你已经忘了在那时喝过什么茶，茶的价格是多少。然而，生命却永远印记着那时你喝到的美好，现场很难言说的氛围以及心境。这种忘茶之道，也许才是茶真正带给我们的东西。

这种道，不仅仅依赖于所谓的“好茶”，更多地依赖于怎么去喝茶，怎样去泡茶，怎样去感知茶。这应该也是茶席的意义。

中餐和茶，是举世公认的非常美好的存在，形式是丰富多彩的。但是，有一种声音却指责中国人没有标准。我有很多做西餐的朋友，其中不乏米其林星级餐厅的大厨。他们做意大利菜也好，做法国菜也罢，同样一道菜，每一次做出来都略有不同。我曾经很奇怪地问：“西餐不是有标准的吗？”

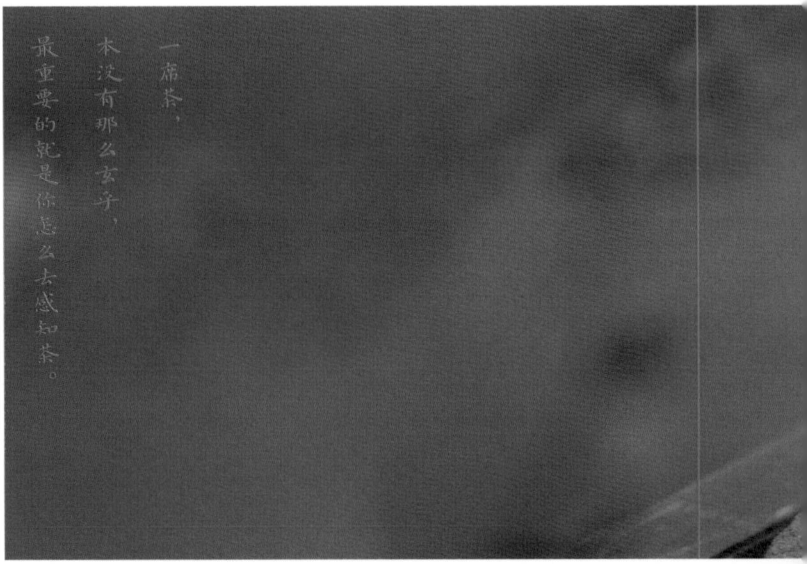
一席茶，
本没有那么玄乎，
最重要的就是你怎么去感知茶。

大厨们半开玩笑地说："西餐是有标准配方的，但是没有标准的人，每一个大厨都有自己的配方。"所以你看，所谓有标准配方的东西，在实际操作中可以每次做得不一样，反而呈现了食物多姿多彩、各具不同的美好。

中国人的祖先很早就发现了这个问题，因而他们看待事物更加通达，更在乎本质，而不是过程。一席茶，本没有那么玄乎，最重要的就是你怎么去感知茶。但这种方法对享受事物和认知事物的人要求比较高。所以，我认为喝茶最初要有一定的规范，但是要切记，这个规范是帮助而不是限制，我们最终的目的是没有规范，"从心所欲不逾矩"。

茶人四要

我将茶人的特质，总结为四个字：正、静、清、雅。无所谓哪个字居首，因为它是整体的、流动的，如风车一般旋转，最后凝结成一个态势、一种感觉，即作为茶人外显的一个相；或者如同运转的太极阴阳鱼，你中有我、我中有你，阴阳互生。

正

习茶是一场修行，所以有时候我称之为『茶修』，但是不要把茶和禅、佛等简单地归结在一起。茶就是茶，我们以茶为师，心手研习，通过茶看到天地，看到众生，更重要的是看到自己——我为什么学茶，我想成为什么样的人，我想呈现给别人什么样的茶席，我想端给别人什么样的茶汤。重要的是自己要正，心正、身正、手正。唯有『正』，才有气场，才有内化于心的改变。

静

习茶之人并非要时时静穆，而是当外界嘈杂使人疲倦的时候，茶人的内心依旧是安定的，这种安定才是真正的力量。习茶是一个动中显静的过程，习茶时，大脑在高速运转：眼睛时刻在关注，看放了多少茶叶；耳朵在仔细聆听，听别人怎么说，听水在壶中翻滚的声音；手在感知茶的温度；鼻子在嗅茶香。如此快节奏的过程中，五感积极活跃，人的内心却恰恰是安定的。这个就是茶告诉我们的道理：可以『劳其筋骨，饿其体肤』，但是只有安静，不把苦难的焦点转向抱怨，才能『曾益其所不能』，这是茶正向的力量。

清

我对茶席的要求，干净是第一位，也是最基础的。一席茶，茶杯里的茶渍、茶壶里没有及时倒掉的茶渣、不太清洁的台面、粘满灰尘的茶巾……这样如何传递美？

清洁不仅仅是擦拭，还是通过整理感受美好，让美好占据身心，把那些不美好的东西赶出体外，做到内外明彻。

雅

我并不推崇日本文化追求的『侘寂』和『凄美』，我始终觉得那种审美过于阴性，过于强调灰暗阴沉的一面。而真正的茶，是明亮的、活跃的、阳性的、向上的。这就是『雅』的本质，雅是茶人内心的体现，是中国传统文化的意义，也是人文的意义。中国人做很多事情都追求雅致，学茶亦是如此。

清香境

『清香』这个名字来自陆游的两句诗『人间万事消磨尽，只有清香似旧时』。我们努力生活，不辜负光阴，但时常觉得疲倦。不少年轻人会选择以刺激的方法来提升状态，比如蹦迪、打游戏等。但这些真的可以给身心带来滋养和补充吗？在多次刺激于事无补之后，又该怎么办呢？

『人间万事消磨尽』，我们仍能够通过一盏茶回忆过去，想想现在，畅想未来。希望在这个时候你能够感受茶的清香，通过茶来滋养身体、抚慰心灵，第二天才有更大的精力去面对工作、人际关系、家事等。

在这个境界中，看茶是茶，我们努力学习茶的基础知识：六大茶类是什么？为什么这个茶是绿茶而不是红茶？中国台湾茶是什么样的？广东茶又是什么样的？好水是什么滋味……我们在纷杂的茶知识里拨开迷雾，辨别什么是所谓的好茶。这便是第一个境界。在这个境界中，我们分辨每一种茶当下的好坏，当别人提起这个茶的时候，哦，见过、听过，也许还喝过……这个境界的重点是——分辨。

锦瑟境

『君为流年，吾为锦瑟』，这像是情人之间的誓言。有幸能在茶路上不断前行，就要不离不弃，要看到茶事的美好，也看到学茶的艰难。现在各种习茶培训班都尽量让学习变得有趣，辅以声音、图片，辅以线上、线下的互动。但学习肯定不是一件轻松的事情。所以在这个阶段，要像看待情人那样看待茶，跟随它、学习它、了解它。

这个境界，看茶不是茶，我们不再执着于茶的高低贵贱，而是执着于如何令一款茶展现最美好的一面。一场茶事活动或一席茶，不在乎穿什么样的服装，布了什么样的场景，用了多昂贵的茶器，重点是呈现给别人一碗什么样的茶。他人喝下茶，由茶汤获得了感受，你才算完成了任务。一个真正的茶人，最大的关注点应该是端给他人的那碗茶。

这个时候，只需要办两件事：第一件事，泡『好茶』，通过第一个境界，你学会分辨哪些茶是相对的好茶；第二件事，『泡好』茶，一款茶在手中，你怎样去对待它，从而把它泡出最好的风味？第二个境界的重点是如何去饮茶。习茶之人需知，会饮才会泡，所以『辨』『饮』对应了第一、第二两个境界。

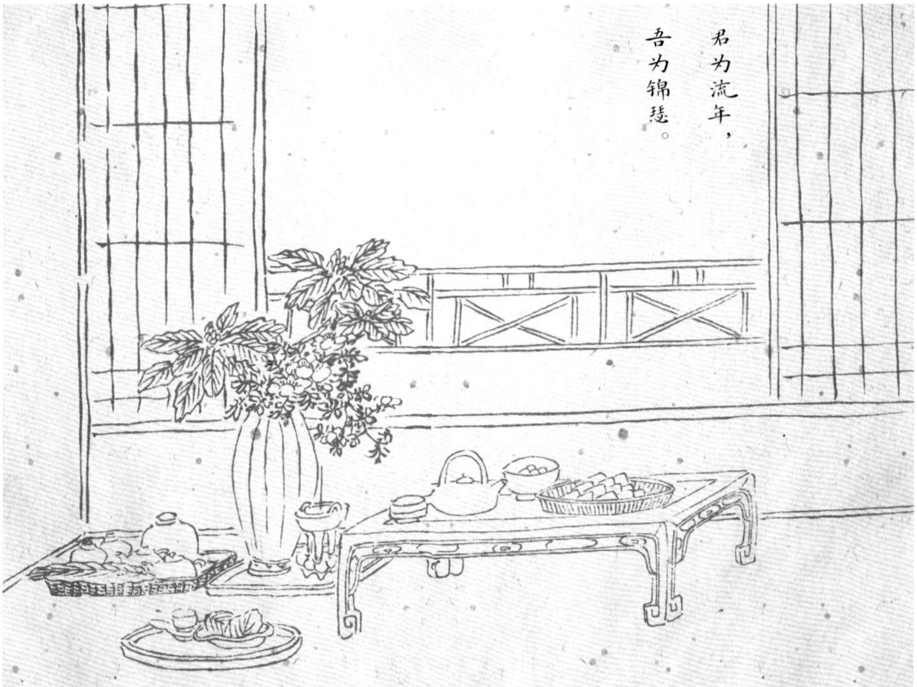

清意境

我们通过茶席传递茶事的美好，然而每个人内心真正得到的是旁人难以窥探的。一百个人面对同一个茶席，也许会有一百种不同的理解。茶事是对茶的温柔试探，茶席是内心的外化。当摆好一席茶后，我们所能做的就是泡好茶，其他的便不在控制范围之内。茶，喝到最后，一定是忘茶之道。你端给别人的这碗茶汤，不同的人感受不同。他对这碗茶汤的理解，有他读过的书，有他走过的路，有他经历过的事，有他爱过的人，有他见过的宇宙……一个人对茶真正的评价和感受，永远不可能百分之百地传达给他人。从这个层面来说，一个真正的茶人，到最后是孤独的，但是你会努力地把孤独留给自己，把美好传递给他人。

在这个境界，我们看茶又是茶。一切事物，茶也好，花也好，香也好，水也好，天地也好，到最后都是关乎美，关乎天地之道。这种清意境中，专于自己，专于茶汤，专于传递。第三个境界，重要的是思索，思索怎样把美传递给别人，滋润别人的心。

一切事物，
茶也好，花也好，香也好，
水也好，天地也好，
到最后都是关乎美，
关乎天地之道。

千幻百面，不离生活

天地赋予茶生命，制茶则延续了茶的生命，泡茶虽用水，却仿佛点燃了茶的生命。泡茶自己喝，茶照亮你；泡茶大家喝，茶照亮彼此。茶汤顺喉而下，产生了这样或那样的感受，茶在此时才成为真正意义上的茶。这个过程中，泡茶的人很重要，泡茶的水很重要，泡茶的器也很重要。如果想要由视觉触发美，茶席是非常重要的一个手段和方式。

中国古代典籍里极少出现“茶席”一词，不是我们没有茶文化，而是中国的茶文化太大，大道无形。无形不是没有，而是这文化已化入中国人的血液里、生活中。时至今日，我们重拾传统文化的美好，才需要设计一个标签，找寻一个符号，彰显一个词汇。所以，“茶道”“茶席”“茶艺”等词应运而生。其实分久必合，如果有一天茶事活动又成为生活中自然、随性、不可或缺的一部分，那么这些符号、标签又将变得不重要或者会消失。

基于此，我较倾向于生活化的茶席。不是说“剧场化”“集会化”的茶席不好，茶席千变万化，没有对错。剧场化的茶席利用了更广阔的空间，呈现的效果更加绚烂；集会化的茶席考验的是组织能力，呈现的是当下社会的繁荣。然而，一个人的精力、时间有限，剧场化、集会化不会是生活的常态，但是喝茶、品茶、赏茶则是生活的常态。在生活中，你我不是为了表现茶的美而去喝茶，而是在喝茶的时候适宜地表现生活之美。

生活化的茶席就一定是慌张的、粗糙的、随便的吗？如果一定要这样，那么你的生活一定也是慌张的、粗糙的、随便的。但倘若你有相对宽松的生活环境，又喜欢喝茶，何不把生活化的茶席变得优雅一些，让它照亮我们的生活。

茶席有很多概念。在日本，茶席指“举办茶会的房间”；在中国，茶席有时指茶事装置，有时指茶事空间。我在本书中所讨论的茶席，指的是“以茶为表现主体，以人文思想为主题，使用多种艺术形式，经由茶具，由视觉联结味觉，进一步强化综合感受的整体”。说白了，就是以桌面为茶具摆放主体，来更好展现所泡的茶。较大的、相对独立的茶空间在平常不易得，也不方便维护，不是本书探讨的重点。

布一个自己喝的茶席，即使日日如斯，也总会有不少缘由让你做出改变。比如，茶友几天前拿来一款你平日很少喝的乌龙茶，而常设的茶席较为适合泡普洱茶；又或者你新得一把紫砂壶，而平日用的建盏与之搭配起来似乎有点不协调；又或者你突然想换一下茶席风格……这些生活中的偶然事件，都会成为变换茶席的原因。

如果是佳友有约，那么无论是事先通知还是兴之所至，都要根据人数迅速地调整一下茶席，同时还要考虑喝什么茶，使用什么样的器物。

有时是生活中比较特殊的日子，比如重要的传统节日等，这个时候可郑重地布置茶席，邀请心心念念的他或她，喝一款值得回味的、当下有彼此的茶。

容由心造

贰

器以茶用，器由心造

「器为茶之父」，没有茶器就不可能得到茶汤。因此布置茶席时器皿的选择、布放就显得尤为重要。对茶器的选择，还能体现出主人的审美情趣和人文修养。

宜茶之材

茶器的意义首先是泡茶工具，所谓“好茶器”不在于价格昂贵，而在于“合适”。什么是合适？第一要“宜茶”，即适宜要泡的茶；第二视觉上应有美感，不能一味求新求怪，而是要让人愉悦。“宜茶”的关键有两点：材质和功能性。从材质的角度来说，茶具的材质通常有玻璃、陶、瓷、竹木和金属等。

竹丝和玻璃杯

蓝色玻璃片口公道杯

玻璃茶具

玻璃茶具质地晶莹，剔透无瑕，适宜观察茶叶舒展的过程和茶汤色。但是玻璃茶具相对来说显得轻飘，厚重感不够，适合冲泡比较细嫩的茶叶或者花草茶，较适合女士使用。玻璃茶具，原料多使用高硼硅玻璃，现代琉璃茶器实际上材质仍为玻璃，只是不用吹制工艺，而用失蜡法制作，较好地平衡了厚重与晶莹的观感。

陶制茶具

陶器的烧结温度一般没有瓷器高，在八百摄氏度时就可以成陶了，而瓷器的烧结温度通常都在一千两百摄氏度以上。陶器的材质就是普通的陶土，房前屋后的土都可以，而瓷器必须使用高岭土来烧制。因为烧造温度不够高，坯体并未完全烧结，大部分陶器的表面会有肉眼看不到的气孔，空气分子可以自由进出，而水分子却通不过。这决定了陶器对茶汤有潜在的交换作用，利于茶汤韵味的呈现。加上陶器一般都比较厚重古朴，适宜冲泡普洱等茶，男性较适用。中国常见的陶器茶具很多，如宜兴紫砂壶、建水紫陶壶、广东朱泥壶、广西坭兴陶壶、中国台湾岩泥壶等。

填刻禅意诗画图建水紫陶壶

瓷器茶具

瓷器烧结温度高，加上表面施釉，胎体非常致密，用来事茶，茶香经久不散。中国的瓷器丰富多彩，不同的造型、釉色、纹饰使得瓷器有广泛的适用性。可以说，瓷器适用于所有茶，也适合所有人使用。

南宋湖田窑刻花大碗

仿清宫廷珊瑚红地白梅花纹盖碗

中国台湾陶艺家制碗泡法分茶勺

竹木茶具

竹木茶具材质自然，给人温婉之感，加上茶也是草木，两者天生气质相宜相配，因而它们是茶席上的常用配件，比如茶则、茶夹、茶针、盖置等。

『巽之』刻竹盖置

竹茶则

金属茶具

金属茶具耐用，但是通常比较沉重，且质地冰冷，拿取时常有碰撞之声，在茶具中不占主导地位。除了煮水器之外，金属茶具通常用作茶道配件，如不锈钢茶夹、纯银茶漏等。近几年，从日本流入的老铁壶、老银壶在茶圈流行起来，国内也有仿制的铁壶、银壶，更有甚者，金壶也出现了。对这种现象，仁者见仁，智者见智。如果觉得价格可以承受，又确实有利于提升泡茶的水准，那么使用也无妨。

紫铜锤纹煮水壶

大漆茶具

『大漆』一般指的是天然漆。大漆茶器的制作费时费心，制作过程中大漆极易造成人体过敏，而大漆的干燥又是一个相对复杂的过程，需要环境维持百分之八十以上的相对湿度，即使在适宜的湿度中，也需要几个月才能干透。而很多大漆制作的茶器是需要反复涂刷的，以使漆面变得厚重。干透的大漆制品，没有异味，也没有任何毒性，耐磨、耐酸、耐腐蚀，色彩或深沉，或绚烂，极具层次感，有很深的审美意味。大漆茶器一般用作壶承、盏托、茶则、茶盘以及品茗杯等。

大漆原生葫芦夹苎金粉盏托

紫砂胎大漆茶仓

煮水器

从功能性来进行分类，茶器通常有：煮水器、泡茶器、品茗器、分茶器、取茶器、承接器、清洁器、外出器和美化器等。煮水器，主要包括煮水用的煮水壶与炉具。

煮水壶

煮水壶常见的材质有金、银、铜、铁、陶、砂、玻璃等。在金属材质的煮水壶中，银壶和铁壶更受欢迎。

银虽然是贵金属，但不张扬，具有一定的杀菌作用，且会随时间慢慢氧化，呈现别有韵味的砖粉色。银壶工艺中比较难得的是『一张打』，也叫『一块造』，指工匠用最原始的工具——锤子，把一块银原料锤打十万锤以上，打出壶身和壶嘴，全壶一气呵成。如果稍微打轻了，壶型就差了；打重了，壶会被打穿。经过长时间锤打亦不出错，对工匠的技术和专注程度要求特别高。以『一块造』打出的银壶，或者锤纹斑均匀精致，或者整体气韵流动，富有质感。

铁壶色泽黝黑，材质厚重，显得稳重，更有古朴韵味。不过铁壶容易生锈，烧开水之后要及时泡茶，用完之后要揭开盖子，利用壶的余温使水分蒸发，以免壶内生锈。很多人偏爱日本铁壶，而我更偏爱山西泽州的铁壶，泽州铁壶有一定的软化水质的作用，也不太容易生锈。

我日常煮水最常用的是陶壶，偏爱使用宜兴一家陶坊的煮水紫砂壶，也许是盖子比较重，与壶口接合严密，使壶内有一定压力，烧出来的水温度相对高一些，适合泡老茶和黑茶。加上材质为紫砂，水稍微煮过一点也不会显老。

有一次，我发现了四川荥经的传统砂器，于是定制了一把大砂壶，用它来煮水、煮茶都很不错。

玻璃煮水壶价格相对比较便宜，煮茶的时候能够看到茶叶翻滚，煮水的时候可以看到气泡变化，也是一个不错的选择。

一块造南瓜形鸡血藤提梁壶

贰

山西泽州事事见喜纹铁壶

炉具

我通常把火分为『阳火』和『阴火』，阳火有火焰，阴火则是不见火焰的『火』，主要是经由电而得来的热力。如果条件允许，我煮水更喜欢阳火，总觉得阳火煮出的水更活泼、更细腻、更宜茶。阳火的炉具很多，酒精灯、酒精炉都是，甚至户外用的瓦斯炉也可。不过茶席炉具最适宜的还是陶炉和白泥炉，虽然烧一壶水比较慢，然而静下心来等候，也是很有期待感的事。如果空间宽裕，也可使用火钵，这样较为安全。白泥炉也叫『凉炉』，通常不作为烧水的实用器，茶席上一般用于放置烧好的水。因为使用白泥炉烧水，炉具熏染明显，所以不如陶炉、铁炉熏染后更添意蕴。

阳火的燃料一般是机制炭，烟气比较小，火力稳定，也易引燃。讲究的可以选用橄榄炭、核桃炭，野外茶席选用荔枝木炭也不错。这些炭都有一定的果木香，如果使用的是陶壶，水的层次会更丰富。

使用炭炉时还有一些配件，包括炉扇、炭夹、炭斗、引火工具等。

阴火的炉具，最常见的是电磁炉和电陶炉。功率固定的情况下，电磁炉火力更强，烧水更快，但是电磁炉只适用于金属材质的煮水壶。电陶炉热效率低，发热对环境温度影响大，但是适宜所有材质的煮水壶。电陶炉加热后表面温度非常高，因此不能贸然使用茶巾进行清洁，应等炉身冷却后再行操作。

电陶炉

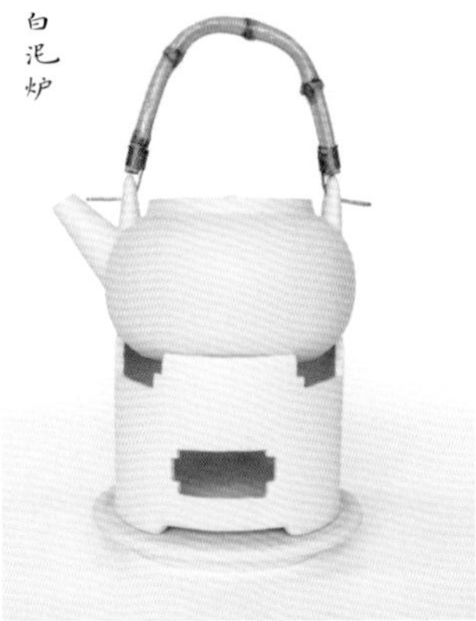
白泥炉

阳火

陶炉

泡茶器

泡茶器，顾名思义，就是能泡出茶来的器具。茶叶种类繁多，泡茶器也有很多种类，主要包括壶、盖碗、碗等。

瓜棱朱泥紫砂壶

紫砂壶

说到壶，不得不专门讲讲紫砂壶。时至今日紫砂壶已经变成一个庞大的产业，它仍然是所有泡茶器之中最为方便和适用的。

任何茶器的出现，皆与泡茶流变有关，紫砂壶也不例外。紫砂壶在明朝出现，是因为明朝人将喝茶方式改为冲泡。宋元的茶末，适宜点茶；而明朝的叶片茶，适合瀹泡，小壶于是应运而生。而紫砂壶成陶温度高，保温好、导热慢、留香好，因此成为泡茶的利器。

我将紫砂壶的评价标准总结为五个字：土、烧、型、工、艺。

首先说『土』。紫砂，顾名思义，必须用紫砂矿土为基本原材料。传统的紫砂器以紫泥为基底，朱泥、绿泥一般用作调配或者紫泥胎身外表涂料。紫砂的主要成分为水云母，并含有不等量的高岭土、石英、云母屑及铁质等。如果用的不是宜兴紫砂矿土，那么制成的壶肯定不是紫砂壶。

『烧』是烧造。紫砂壶是在高氧、高温条件下烧制而成的，烧制温度在一千一百至一千两百摄氏度，早期的宜兴龙窑最高温度可以达到一千三百摄氏度。如果紫砂壶的烧造温度偏低，在九百摄氏度的时候就成型，那么由于表面烧结不够，玻化程度不高，紫砂壶结构是比较疏松的，也很吸味。故而时下有宣传说：紫砂壶一壶事一茶。这个说法古代典籍上并无记载。而从现实来看，只要烧结温度高、时间足够，紫砂壶的表面是玻化的，就不需要一把壶只泡一种茶，泡过几种茶也不致于互相串味。试想，假如你有五把紫砂壶，某天想喝茶，还要认真想想哪把紫砂壶用来泡某种茶，而不是先考虑紫砂壶的造型、大小，心多累啊，还能好好喝茶吗？

紫砂壶的『型』，即壶型对泡茶效果会有影响。就个人而言，我不喜欢方器，其棱角无法让茶叶在壶中圆润地转动，较容易使茶汤变得苦涩。从造型方面看，矮扁宜韵，高瘦宜香。我比较喜欢的壶有梨形壶、思亭壶、石瓢壶、水平壶等，这和我偏爱武夷岩茶和普洱茶有关，这些器型宜泡上述茶。

紫砂壶的基础造型并不算太多，但是同一类造型，有的看着令人舒心，有的看起来总觉得怪异。这就涉及第四个标准，紫砂壶的『工』。紫砂壶从工的角度分三大类：光货、花货、筋囊货。光货就是光素器，干干净净的造型，不加装饰和刻绘；花货一般是拟形，比如梅桩、百果等；筋囊货有明显的棱线造型。有观点认为，筋囊货最为老辣到位，品位最高，花货则显得过于直白。我倒觉得这三种类型没有高下之分，喜欢就好，宜茶就好。『工』还涉及成壶技法，常见的有拍身筒、模具、拉坯、灌浆等几种。单纯从双气孔结构角度说，纯手工壶、模具壶均可以，而拉坯、灌浆不是真正的紫砂壶工艺。紫砂壶泥料在烧造温度较高时，会出现收缩烧融现象，不同成分收缩比率不同而又能紧紧结合。这就使得紫砂内部呈现出大小不同的组团，空气可以穿过壶壁，但是水分子和芳香酯分子不能穿过。所以紫砂壶宜茶不散香。烧造温度不够，这个结构烧不成，那么紫砂壶就失去了意义。不管是用纯手工拍身

贰

汉罐形竹钮紫砂壶

筒制壶，还是把紫砂泥放入模具中拍打均匀，只要烧造温度够，双气孔结构都能烧成。拉坯是把泥料放在转盘上，手指深入泥料内部，壶身通过旋转成型；灌浆就是把泥加大量水化成浆，灌注在模具里而后烧制。紫砂本身是有砂性的，它不够细腻，很难在旋转过程中完整成型，也很难灌浆均匀。因此，拉坯也好，灌浆也好，要么用的不是紫砂泥，要么就是把紫砂泥粉碎到极细，这样泥料就经受不住高温，即使耐高温，烧出来也是死板一块，无法形成双气孔结构。

最后一点，选择紫砂壶还是要具备一点艺术审美的。艺术不是单纯存在的，和个人审美有关。紫砂壶不是为惊艳而生，也难以速成，千万不要盲目求新、求怪。我曾经见过一些五环造型、金蟾铜钱造型的紫砂壶，说真心话，这些壶与美『无缘』，更没有让人愿意一试的兴趣，更别提使用了。

养紫砂壶，真正养的是人的气定神闲。当着客人的面用所谓的养壶笔蘸着茶汤在壶上左刷刷、右刷刷，这不是养壶，这是对宾客的失礼之举。另外，好的紫砂壶也没有『开壶』的必要，清水洗干净，开水烫几遍或煮一次就可以用了。

朱泥松鼠葡萄紫砂壶

紫砂红泥柿子壶

宜兴龙窑

宜兴陶人使用龙窑烧造法有千年历史，龙窑是通过人工投放柴草（竹和松枝）烧制，半开放的窑口。通常是依小山坡斜上的一条隧道窑，类似长龙，依照不同长度窑身左右一般各有几十对投柴孔，俗称鳞眼。龙窑烧制整窑总时间为二十个小时左右，在烧制的关键期，即发生化学反应期，每个鳞眼有效时间也就十多分钟。在烧制过程中，大量空气可以通过鳞眼进入窑内，柴（干湿、种类、数量）、人（操作方式和经验）、天气（气温、空气湿度、气压、风向、风速）等因素都会影响烧制效果，烧制温度亦难控制，所以龙窑成品的效果最不稳定，但富于变化。因为有明火，火焰喷到的地方局部温度较高，一些颗粒崩开，所以火制明显。成品烧制效果不规制，偶有窑变，火制明显，是龙窑成品的特点。因为窑内可以出现局部氧化和局部还原的气氛，所以真正意义的窑变，只有龙窑才能烧出。紫砂『一砂出五色』其实不仅仅指紫砂本身的紫泥、朱泥、段泥等天然的颜色，更为重要的是指同样的泥料在窑中可以烧出不同的颜色。宜兴的前墅龙窑主要是烧日用陶，烧制温度较高，所以低温烧结的外山料，一进龙窑就会现出原形，不是起泡就是出现针眼。

盖碗

泡茶器常用的是盖碗。中国人很早就使用碗了，只是大小、口沿、腰腹弧度各个阶段各有不同。在中国两千余年的饮茶史上，盖碗应该是不折不扣的『小字辈』。陆羽《茶经》中，有专门一章内容介绍当时的茶器。寻遍陆羽口中的『二十四器』，却找不到盖碗的踪迹。南宋审安老人的《茶具图赞》中也没有提到盖碗这个形制。这也难怪，严格意义上的盖碗出现在清早期，比起茶圣陆羽生活的时代足足晚了一千年。现在各种宫廷剧中，上至皇帝下到庶民都会端着盖碗一通猛喝。其实，若是你看到影视剧里的朱元璋端着盖碗喝茶，那就是不折不扣的『穿越剧』了。这盖碗虽好，可不能乱用。

据唐代《资暇集》(又作《资暇录》)记载，西川节度使兼成都府尹崔宁有个小女儿，小姑娘爱喝茶，可又嫌茶杯烫手。于是，她便将茶杯放在一个小木盘上托着用。结果问题又来了，茶杯放在木盘上端不稳，常常有茶水洒出来。这位崔小姐也真是冰雪聪明，她用蜡将茶杯固定在木盘上，这样稳定性就大大提高了。后来用漆环代替蜡固定茶杯，效果更佳。这种托着茶杯的小木盘，被命名为『茶托子』。估计在漫长的历史进程中，而茶托子最终演变成两种形式：独立的盏托和成套的盖碗底托。综合其他文献资料来分析，以上推论还是有不少疑点的。

第一，唐代人饮茶是用长柄勺将茶汤舀入茶碗之中，从唐代绘画来看，茶碗一般都会放置在几案之上，人们不太会有长时间站立端着茶碗的情况，茶碗也不会很烫手。

仿耀州窑仰莲纹青釉盖碗

第二，如果真的是因为端着茶盏烫手，那么蜡遇热即化，此做法实无意义。

第三，唐代绘画上有类似侍者端着的圆形托盘上置有两个茶杯的画面，那么是什么原因令人们要将托盘缩小为一个茶盏的底托呢？

历史就是这么有意思，它充满各种各样的谜团待后人去破解。

带盖子的碗，最早出现在餐桌上。碗上带着盖子可以防止灰尘落入食品中。更为重要的是，加了盖子的碗保温效果更好。所以，苦寒之地出身的满族人对盖碗十分中意。清朝宫廷餐具中有不少带盖子的大碗。它们或是盛肉或是盛汤，都起到了非常好的保温效果。由于独特的饮食习惯，盖碗出现在清宫里也就不足为奇了。汤需要保温，茶也要趁热喝。久而久之，笨重的餐具演化为精巧的茶器。

虽然底托的出现可能早于碗盖，然而早期清宫的盖碗，很多是没有底托的。稍微远一点望去，活脱脱一只吃饭的小碗上扣了一个盖子。盖子的直径几乎和碗口的直径一样，扣在一起像个圆球。这种造型很大程度上保留了餐具的影子。

盖碗是什么时候定型为盖子、茶碗、底托三只一套，并且附会为象征天、地、人『三才』的，我没有查到确切的记载。盖碗起初是个人自用的茶器，是个人品饮的用具，而不是像今天这样作为主泡器的。在很大程度上，盖碗将泡茶化繁为简了。

松石绿釉盖碗

清代茶馆文化盛行，和盖碗的出现有着密不可分的关系。四川成都盖碗茶就是一个非常明显的早期盖碗用法的遗留。如今在成都茶馆中，仍是盖碗茶的天下。除了北京人，全国爱用盖碗喝茶的估计就是四川人了。其实成都人喝盖碗茶，也是传自京城。清朝统一全国后，在各大城市都派有驻防旗人。成都就曾建有供八旗兵丁居住的满城。八旗兵，使得成都与京城间有了千丝万缕的联系，也对成都产生了很多文化影响。比如，现今非常有名的旅游景点宽窄巷子，以前都是以『胡同』命名的。当然，满族人喜欢的盖碗，也慢慢传到了成都。京城来的新式喝茶方法，自然是时尚潮流的代表。再加上蜀中的享乐文化与八旗文化一拍即合，于是乎盖碗茶便在蓉城扎下了根。

盖碗的选择，要注意几个细节。首先是碗的造型应该翻边，而不是直上直下，否则用起来会非常烫手。其次，盖子本身要有适当的弧形，『的子』（盖子最上端抓拿的部分）也要高一些。再次，烧造温度高的盖碗，导热一般都比较慢，当然价格也要贵一些。最后，使用盖碗倒茶汤时动作宜适当，立起九十度完全可以倒净茶汤了，不要倾斜过度。

盖碗和壶在茶的江湖上，俨然成为两派。我比较倾向用壶。盖碗口大，香气散失快，不能久泡，汤感比较弱，大部分盖碗的失温速度也比壶快。盖碗更适合泡茶水温低或者发酵程度、焙火程度低的茶，如绿茶、白茶、黄茶以及凤凰单丛、轻焙火的乌龙茶等。

民国锔钉双喜纹盖碗

碗

现下茶圈里还流行一种『碗泡法』，顾名思义，就是用一个大碗作为主泡器来泡茶，再使用小勺把茶汤分到品茗杯中。碗泡法有追古之意，但我个人对此不是很认可。因为碗泡的时候热量散失快，碗口大，失香也比较快，水不蕴香。而且某些片茶下沉慢，必须延长浸泡时间，加之使用茶勺出汤，出汤慢且不完全，故呈现的香和韵都不理想，不好控制。

那是不是不能用碗泡？也不是。我也用碗泡法泡过茶，泡什么茶呢？绿茶，尤其是要试喝的绿茶，浸泡时间长一点，能够更好地了解茶的特性，水温不用太高，泡起来也比较从容。

总之，碗泡法也好，其他泡茶法也罢，要做到追古而不拘泥。仿效古人学的是态度，一碗茶汤沉淀的是人的心思情绪，不必在形式上刻意追古。

清水烧浅见铭茶碗

南宋湖田窑碗

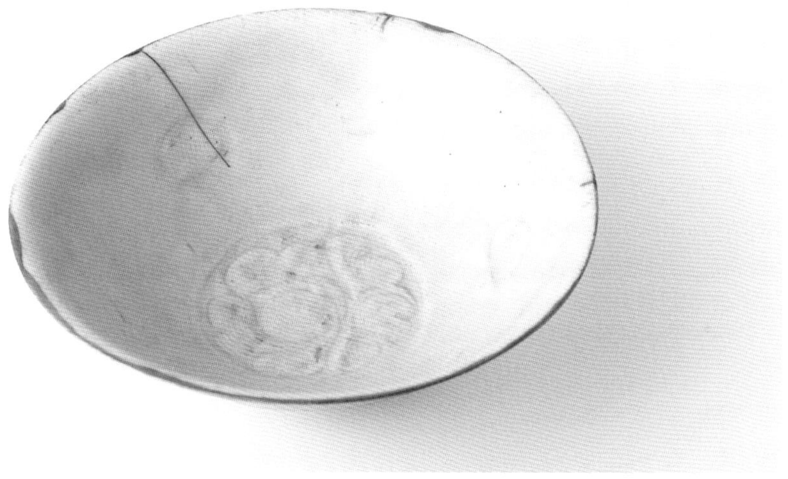

烟蓝釉小茶盏

古彩五福捧寿银包边八角杯

古人喝茶都用碗，小一些的碗称为盏。明清之后品茗器即使缩小了，大部分也还是碗形。今天人们喝茶一般都用小杯子，而在历史上，杯一般用来喝酒，如永乐压手杯和成化鸡缸杯一开始都是酒具。

我有很多杯子，甚至参加茶会都要带自己的杯子去。我最欣赏的杯子是铃铛杯。铃铛杯，也称仰钟杯、金钟杯或磬式杯。目前来看，铃铛杯流行于明清时期。杯口外撇、深腹、圈足，倒置似铃铛或者大钟，由此而得名。明代成化、嘉靖、万历时期，有白釉、斗彩、青花等品种，发展到清代康熙、雍正时期，则有青花、五彩等，当代还有柴烧的铃铛杯、日式铃铛杯等。这种杯子因小巧、聚香，端握自在，适宜多种茶类。

相对来说，矮的杯子留韵，高的杯子聚香，只要不吸味，宜茶就好。杯子最重要的是线条，我有位茶友买杯子喜欢试一试，“唇感”好的她就认为不错，我觉得也是一个办法。品茗杯如果追求纹饰，选择青花相对安全；若有金银线条或涂绘，则务必用真金真银。

我想专门说说建盏。建盏，指建窑（系）烧制的黑釉茶盏，曾作为宋朝皇室御用茶具，因而在一些宋代建盏底部有“进琖”“供御”字样。烧制采用正烧，故口沿釉层较薄，而器内底聚釉较厚；外壁往往施大半釉，以避免在烧制过程中底部粘窑。由于釉在高温下易流动，故有

宋代（建窑系）乌金釉盏

仿明斗彩葡萄纹杯

挂釉坠滴现象，俗称“釉泪”“坠釉滴”“釉滴珠”。这是早期建盏的重要特点。

刚接触建盏的朋友，对建盏的价格多少有点迷茫，这里简单说明一下。

第一，看口径。口径越大，烧制难度越高，成品率越低，因此价格就越高，这个并不难理解。

第二，看作者。每位建盏作者都有独特的釉料配方和烧制方法，即便是同一位大师的作品，品相也不尽相同。不同作者的作品，价格差异会比较大。

第三，看稀有程度，有无瑕疵。这点很重要，同一作者的作品也会分不同的等级，价格会差很多。简单地说，同一作者的同口径的精品与普通品，价格会相差不少。

建盏的定价并不是随性而为，要考虑作品口径、品级，作者名气，稀有程度等诸多因素。另外，柴烧往往价格更高，全手工拉坯因成本增加价格也较高。总之，选择建盏要综合判断。

由于使用的釉料配方不一样，再加上胎土、窑内温度和外部环境的影响，建盏表面会呈现出各式纹理，因此根据釉色建盏大致可分为乌金、兔毫、油滴、鹧鸪斑、曜变和杂色等品种。

鹧鸪斑

『建安瓷碗鹧鸪斑，谷帘水与月共色』，宋人的制器标准只有一个：『法自然以为师，依天工而开物。』因此对于鹧鸪斑还有这样一种描述：鹧鸪斑也称为麻雀斑，是呈椭圆形的小斑点，疏密不一地洒落在釉面上，斑点白中带点淡黄色，黄中又带点褐色或者青中带黑，色彩层次丰富深邃，恰似鹧鸪或麻雀身上的斑点，因此得名为『鹧鸪斑』。

南宋乌金釉建盏

曜变

日本的《君台观左右帐记》一书中，曾把建盏珍品划分为若干等级，其中将『曜变』列为『建盏之至高无上的神品，为世界所无之物』。所谓『曜变』，我个人疑为『窑变』之谐音。曜变建盏从传世之物来看，其颜色黑蓝交织，黑色的底釉上聚集着许多不规则的圆点，圆点呈黄色，其周围焕发出以蓝色为主渐变多彩的耀眼光芒。曜斑广布于建盏的内壁，并随所视方向的移动而变化，垂直观察时呈蓝色，斜看时闪金光，层次深邃，令观者仿佛置身于浩瀚的宇宙之中，周围是无数璀璨的繁星，令人目眩神迷。由于『曜变』烧制难度极大，故传世甚少，全世界仅存三件半，日本收藏三件，均被定为『国宝』；半件存于中国，为宋建窑曜变釉束口盏残片。

乌金釉

这是建窑黑瓷相对比较普通的釉色。乌金釉有的表面乌黑如漆；有的则黑中泛青，即所谓的『青黑』；也有的呈黑褐色或酱黑色。成熟时期的乌金釉釉层普遍较厚，『色黑而滋润』，上乘者亮可照人，表现出庄重素雅之美。但我收藏的两只宋乌金釉建盏，釉色都略薄，亦有少量开片之痕。

兔毫

『兔毫盏，出瓯宁之水吉』，兔毫是建窑最典型的盏，也是产量最大的品种，因此人们一般都将『兔毫盏』作为建盏的代名词。既名『兔毫』，是指在黑色的底釉中透析出均匀细密的丝状条纹，形如兔子身上的毫毛，以清晰连贯、由边至底为上。由于『窑变』等因素影响，兔毫形状既有长短之分，粗细之别，颜色还有金黄色、银白色等变化，俗称『金兔毫』『银兔毫』等。

现代制收口建盏

油滴

日本《禅林小歌》一书中曾记载：『胡兹盘以建盏居多，有油滴、曜变……天目。』『油滴』一词在中国古代文献中尚未发现，此称呼目前陶瓷界尚存较大争议。有的学者认为，『油滴』就是宋代文献中所指的『鹧鸪斑』。所谓『油滴』，是指在乌黑的底釉上散布着无数具有金黄色或银灰色金属光泽的小斑点，故又有『金油滴』『银油滴』之分。这种斑点多为圆形，大小不一，大者直径三四毫米，甚至达一厘米，小者仅一毫米，甚至细如针尖，形如沸腾的油滴散落而成。油滴是一种结晶釉，烧制难度较大，成品率低，传世或出土很少。在日本的文献记载中，『油滴』是仅次于『曜变』的名贵瓷品。

杂色釉

由于建窑黑釉器系『窑变』所致，故釉面纹理变化多端，除上述五大类釉面纹理之外，还有一些杂色釉，如柿红色、赤红色、酱釉（酱绿釉、酱黑釉、酱黄釉）等。而通常认为，『灰白釉』『芝麻花』『结晶冰花纹』『龟裂纹』等杂色釉，都是因为火候不够高而形成的生烧或半生烧品。

分茶器

分茶器中最常见的是公道杯，也叫匀杯，取公平均匀分配之意，用来均衡茶汤浓度。在茶席上，分茶器的作用不只是均匀茶汤，它还能使品茗杯里的茶汤容量一致，也能协调主泡器泡茶的时间，以免茶汤一直盛在壶里或盖碗中。

挑选公道杯，要求就是：不烫手，留香。这直接决定了公道杯容量应该稍大一些，体量高挑一些。公道杯还应该出汤流畅，断水利落，造型也要和主泡器搭配。

“片口”，就是在杯沿上开一个小口，方便倾倒茶汤，是个典型的日本称呼。在日本，片口是很普遍的东西，用来倒水、倒调料，更多的是用来倒清酒。陶艺家也很喜欢以“片口”为题材来创作。而一枚片口，无论之前是什么釉色，在有过“泡茶”的痕迹之后，就会变得更加温润自然。片口其实源于中国，假如你去国内各大博物院看陶瓷展，就可以看到类似的造型。所以片口也好，来自日本的其他茶器也好，本来就是与我国传统文化（器艺）一脉相承的东西，完全可以大方地使用。但要记住，要让人用器，而不要让器“使唤”人。

公道杯上有的时候会放一个类似漏斗的茶器，叫作茶漏。我认为这不是必需的，而且茶漏还会影响茶汤的香气和顺滑度。故而，我使用较少。但有的茶友十分在意品茗杯中留有茶叶碎，那就可以使用。对待茶叶碎，我通常是使其在公道杯中沉底即可。类似“不必要”的茶器还有闻香杯，茶汤经闻香杯不但会降低茶汤温度，还会使一部分芳香物质损失掉，故而我也是不用的。

白陶片口形公道杯

日本藻挂陶公道杯

仿八大山人画意鸟形公道杯

取茶器

说到取茶器，一是从哪里取，二是用什么取。第一个涉及茶仓，第二个涉及茶针、茶刀、茶则、茶拨等器物。

瓜形大锡茶仓

蓝釉仙鹤纹小茶仓

茶仓

储藏茶叶有多种方式，而在茶事活动里，尤其是布置茶席时，经常会用到茶仓。茶仓，俗称茶罐，作为储存茶叶的器皿，不同材质的茶仓适合搭配不同种类的茶叶。搭配茶席用的茶仓，色泽不能太突兀，拿在手里要方便取茶。

非注重转化的茶，如绿茶、红茶等，茶仓的密封性要好；注重转化的茶，建议选用材质通透一些的茶仓，也可以选用古茶仓。我曾经一度痴迷古茶仓。第一，我比较容易沉浸在古器物的历史韵味中，欣赏、把玩，虽无言谈，彼此却似心有灵犀。第二，老茶仓经年受土气天光，放入的茶叶不论新老，皆以时光加持，我觉得茶叶在老茶仓中放置一段时间后，口感更为醇厚。第三，茶席上有一个老茶仓，气韵上会更显得沉稳大气。

茶针、茶刀

茶针和茶刀是用来拆解紧压茶的，使用的原则是：紧针松刀。茶饼压得紧结，用茶针比较方便；茶饼压得稍微疏松，用茶刀方便一些。不论茶针还是茶刀，手柄要有一定的长度，并且还要防滑，这样才好利用杠杆原理，起到四两拨千斤的作用，方便撬取茶叶。茶针、茶刀当然也可以有一定的装饰，但不要过于复杂，尤其要注意刀的煞气不要太过，以免破坏茶席的和谐。有的茶友喜欢『大马士革茶刀』，先不论茶刀所用钢是不是真的史料记载的『大马士革钢』，茶刀那繁杂甚至缭乱的表面花纹，就与『精行俭德』的茶道精神背道而驰。

茶则、茶拨

陆羽在《茶经》中写道：『则，以海贝、蛎蛤之属，或以铜、铁、竹、匕、策之类。则者，量也，准也，度也。』这是关于茶则较早的解释。使用茶则，可以方便地量取茶叶并将其倾倒入泡茶器中，既可以比对茶叶量，也可避免手与茶叶直接接触。茶则的材质很多，近年似乎较为流行老竹子、大漆葫芦胎以及真锡点铜等材质。其实什么材质都好，但要避免选有异味的。例如，有的茶友使用沉香木来制茶则，贵则贵矣，却干扰茶味。如果希望茶则有广泛的适用性，那么最好选用造型相对大一些、长一些、弧度适中的。

使用茶则，有时候需要配合使用茶拨。茶拨，也叫茶匙，可避免手与茶叶触碰，同时可以控制干茶倾倒的速度，在茶事结尾时，也常用来翻拨检视叶底。

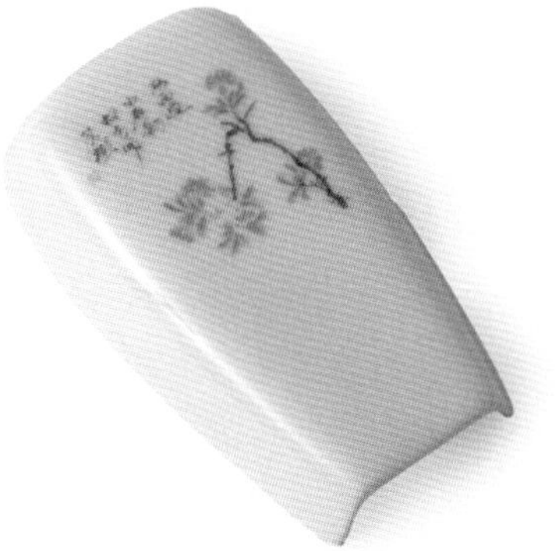

瓷茶则

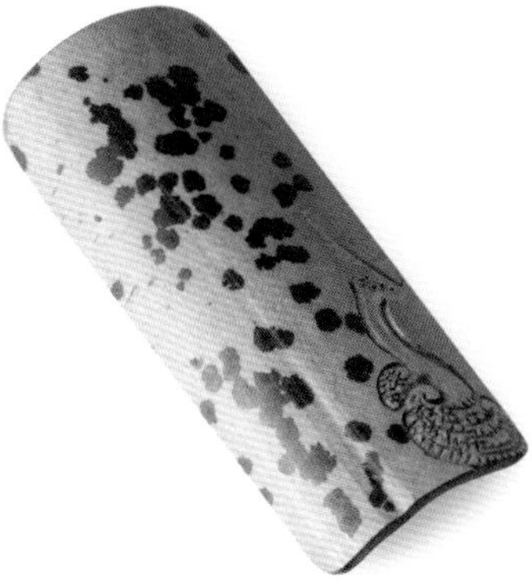

湘妃竹茶则

日本古玩竹制茶拨

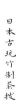

承接器

承接器是用来承载茶壶、品茗杯、壶盖等器物的，主要包括壶承、杯托、盖置等。

日本制布纹地花卉纹壶承

高足米白釉壶承

壶承

因干泡法的兴起与流行，茶盘便被壶承替代，在茶席上使用壶承可避免主泡器上流出的水沾湿席布，也可提升茶席的总体美感。壶承，宁大不要小，与泡茶器之间最好加隔离物，如丝瓜络、圆布片等，隔离物要薄，不过分突兀，这样有利于保持泡茶器的稳定。

壶承的主要作用是承载托举，也参与布席造境，不需要过分追求华美。壶承的形制，从随拾而取的一块木石，到工业化生产的批量用具，再到纯手工打造的精致雅玩，或木或竹，或石或铁，或瓷或陶，或铜或锡，或金或银，或玉或砖等，不一而足，皆可随席应用。也可从生活中就地取材，如家用的菜碟、粗瓷大碗，甚至是铁盘，自然天成的石头、木头等。器具生活中常见，一物多用，看似随意不经心，亦处处透露着生活的禅味。简素为美，才能突出泡茶器。

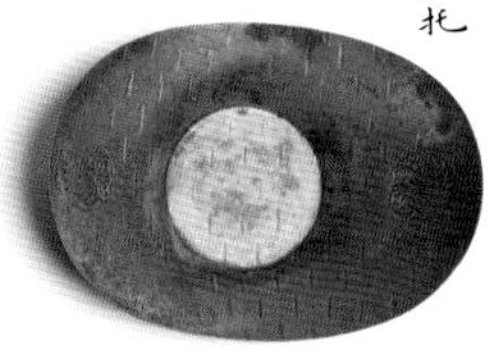

锡镀铜色盏托

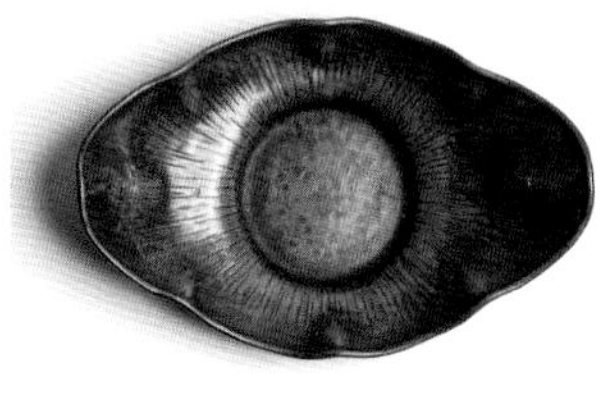

铜制盏托

日本瓷盖置

盏托

清代寂园叟在《陶雅》中提到：『盏托，谓之茶船，明制如船，康雍小酒盏则托作圆形而不空其中。宋窑则空中矣。略如今制而颇朴拙也。』所以，『盏托』『茶船』的含义其实是变化的。在今天，盏托就是指盛放茶杯的底托。较为正式的茶席，一般都会使用盏托。它具有很强的实用性和装饰性，能够赋予茶席美感和庄重感。选择盏托时，要注意杯子的大小、形状、颜色与杯托应相称。盏托应该顺手好拿，如果茶杯放在托上不太稳定，就不是理想的盏托。盏托的材质以铜、锡为佳。铁，易锈；瓷，易碎；木，易裂。大漆的盏托也很不错，但是要放置一段时间方能使用。日本的大漆工艺与中国的不同，用作盏托、托盘、壶承是可以的。如果直接盛放食材，只能放冷的点心，不可以接触热的茶汤。我收藏的日本漆器，有些已历经几十年时光，然而仍有明显气味，由此可见不宜接触温度高的茶汤。

盖置

盖置，于雅致处见闲情，是从日本引入中国的。盖置在日本茶道中用于汤瓶或釜等煮水器（包括铁壶、银壶）盖子的置放，可保持壶盖的清洁，并防止盖上的水滴在桌上。泡茶器的盖置，最好大一些，防止水滴和茶渣掉落在席面上。煮水器的盖子一般都比较沉重，选择盖置时，尤其要注意盖置本身的稳定性。

洁净器

洁净器在茶席中主要指洁方和水盂。

洁方是比较古典的说法，通俗来说就是茶巾。茶巾，可以说是茶席上的一抹温柔。专用工具的多样化细分，是文明最直观的标志。或许在一般人的眼里，茶巾很是不入眼，充其量只是一块抹布。论其用途，喝茶时用它可以，不用也可以，甚至用抹布代之亦可。只不过，那样做似乎有违茶的雅洁品性，有损茶席的整体气质、格调。

讲究茶艺的人，茶巾必须是专用的。如果用来擦别的东西，如茶食壳皮，就不太合适，因为若有碎屑残渣沾在茶巾上，再去揩拭茶壶，肯定有碍观瞻，万一再掉到杯中，就更是让人品饮兴致大打折扣。

茶巾的材质最好选用自然的棉、麻等，吸水性要好。明代程用宾的《茶录》中记述:“拭具布用细麻布，有三妙，曰耐秽，曰避臭，曰易干。”茶巾的颜色最好与茶席同一色系。叠茶巾，仿若叠被子，开口朝向主泡茶师自己即可。

水盂、渣斗、建水等器物在茶席上一般都用于承接废水。这里的“废水”，不是脏污，只是不饮用的水而已。水盂的意义在于维持茶席的干净整洁，干净即雅。水盂应该相对远离主泡器，大一些为好。

棉质蓝色茶巾

瓜棱白瓷水盂

外出器

从古到今，人们出门依然忘不了饮茶，因而需要携茶器外出。陆羽在《茶经》中说：“都篮，以设诸器而名之。”意即“都篮”是用于盛茶具的木篮或竹篮。宋代梅尧臣《尝茶和公仪》云：“都篮携具向都堂，碾破云团北焙香。”清代朱彝尊《沈上舍（季友）南还诗以送之》中记载：“都篮茶具列，月波酒槽压。”以上记载，都表明都篮是一个重要的外出器。茶事活动发展到今天，人们携茶器外出的频率更高了，可以选择的外出器也更多，藤箱、布包、提盒等，只要能稳定地保护好茶器即可。

藤编侧提茶器箱

各式茶布包

竹编涡形花篮

茶席的美化，往往通过茶席布、花篮、花瓶、香炉等来实现。茶席布材质多样，有布、罗、锦等，也有纸帘、草帘、竹帘等。我也曾用绘画手卷作为茶席布，别有一番雅趣。一块选择得当的茶席布，会起到意想不到的效果。至于插花、香道的器具也是各逞芳妍，种类很多，本书会在后面的章节中具体介绍。

日本昭和五十二年制铜花瓶

烟云色琉璃小山子

贰
肆拾捌

器由心造

好的茶器会为茶席增色不少，即便放在家里，日日相对，你也百看不相厌。好的茶器由匠人精心打造，价格自然也和手艺相对应，入手一件，往往要斟酌再三。但是，如果你能利用一席茶当时当刻的材料，来替代某件茶器，往往会更加入心。比如，用裁好的宣纸来代替茶则；用洗干净的旧衣服缝制壶承上的小垫子。有一次我去峨眉山，在酒店的桌子上置了一个小小的茶席，除了泡茶器和品茗杯，剩下的茶器都用山脚竹林里的材料：快枯死的细竹竿剪下来，再剪成二十厘米长的小竹管，并排放在一起，就做成了壶承；用现剪的竹枝来代替茶拨；搁茶拨的则是河边捡来的小石头；茶则便用那竹林里遍地都是的笋壳子。这样的一个竹林主题的小茶席，是兴之所至的创作，充满了生活的情味。

贰

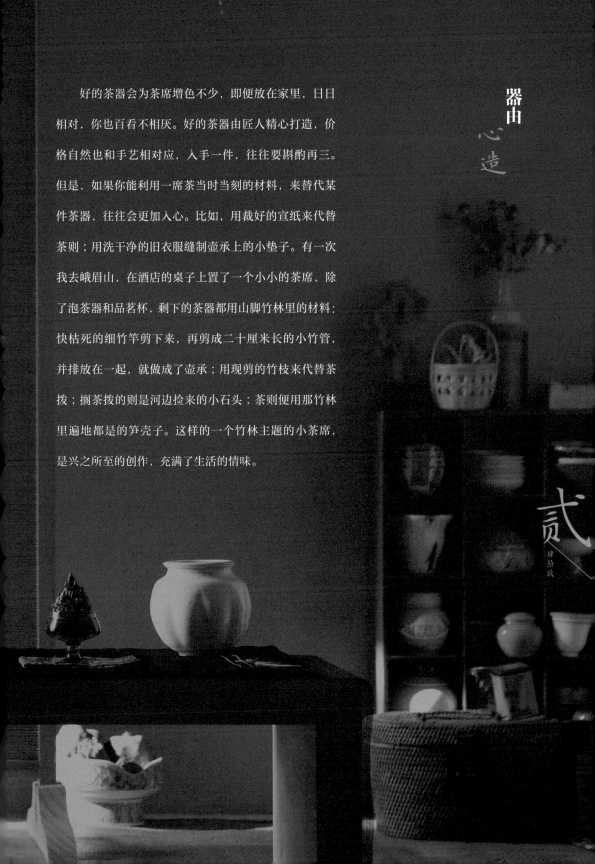

叁

茶水与茶食

水为茶之母，无水不可论茶。中国人自古以来就十分讲究泡茶用水，并积累了丰富的鉴水经验。而茶席上的茶点，也要讲究宜茶，这其中的门道都值得茶人细细品味、琢磨。

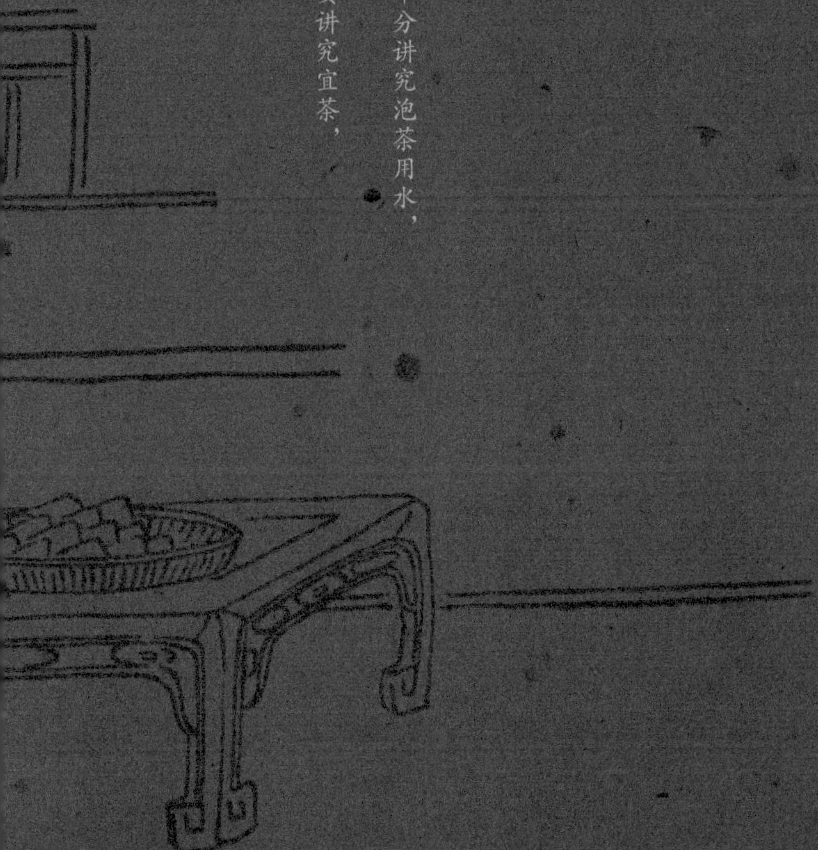

天一生水

明人张大复在《梅花草堂笔谈》中说道:“茶性必发于水，八分之茶，遇水十分，茶亦十分矣；八分之水，试茶十分，茶只八分耳。”可见水质能直接影响茶汤品质。水质不好，不能正确反映茶叶的色、香、味，尤其对茶汤滋味影响更大。因此，历史上就有“龙井茶，虎跑水”“扬子江中水，蒙顶山上茶”之说。名泉伴名茶，美上加美。

陆羽不仅是评茶高手，对水的品鉴也十分精准。有记载，湖州刺史李季卿一向倾慕陆羽，有一次他到扬州去见陆羽，李季卿对陆羽说：“你善于品茶，天下闻名，这里的扬子江南零水又特别好。”于是命令军士拿着水瓶乘船，到江中去取南零水。不一会儿水送到了。陆羽用木勺把水一扬，说:“这水倒是扬子江水，却不是南零的，好像是临岸之水。”军士说:“我乘船深入南零，有许多人看见，不敢虚报。”陆羽一言不发，端起水瓶，倒去一半，又用木勺扬水，说:“这才是南零水。”军士大惊，急忙认罪，说:“自南零取水回来，到岸边时由于船身晃荡，把水晃出了半瓶，害怕不够用，便用岸边之水加满，不想陆公之鉴如此神明。”这虽然只是一个传说，但可以从中得到的信息是：茶人对水的重视以及茶人要有分辨水的能力。

山水、江水与井水

陆羽在《茶经》中这样总结：“其水，用山水上，江水中，井水下。”这个“山水”，理解为山上的泉水。泡茶用水，当属泉水为佳。在天然水中，泉水比较清爽，杂质少，透明度高，污染少，水质最好。我曾游历不少名山大川，最喜欢的是云南大理宾川鸡足山的泉水，用来泡绿茶和普洱茶，茶性发散得又快又好。溪水、江水与河水等常年流动之水，用来沏茶也并不逊色。但要看是否为通航河道，如果是，水质就难免被污染了。

井水属地下水，是否适宜泡茶，不可一概而论。有些井水，味道甘美，是泡茶好水。深层地下水有耐水层的保护，污染少，水质洁净，而浅层地下水易被污染，水质较差，所以深井比浅井好。城市里的井水，多受污染，咸味重，不宜泡茶；而农村的井水，受污染少，水质好，适宜饮用。但整体来说，井水泡茶，易有土腥味。

雨水和雪水，古人誉为“天泉”，曹雪芹在《红楼梦》“贾宝玉品茶栊翠庵”一回中，更是将其描绘得有声有色。但如今的环境污染日趋严重，雨水和雪水已不能直接作为泡茶用水。

自来水，一般是经过人工净化、消毒处理过的江水或湖水。凡达到我国卫生部门制定的饮用水卫生标准的自来水，都适于泡茶。但自来水会使用氯化物消毒，用之泡茶，依然会有较重的气味。为了消除氯气，可将自来水贮存在缸中，静置一昼夜，待氯气自然逸失，再用来煮沸泡茶，效果大不一样。我有时也用自来水自制泡茶用水。在干净的大水缸里加入备长炭，用以吸附异味。半小时之后捞出备长炭，再加入麦饭石圆片，净置一夜，增加水体的活跃矿物质。经过这样处理的水，活泼细腻，泡茶相当不错。

硬水和软水

选择泡茶用水时，还必须了解水的硬度，因为硬度会影响茶叶中所含的有效成分的溶解。天然水可分硬水和软水两种。软水中钙离子、镁离子较少，茶叶中有效成分的溶解度高，所以泡出来的茶味道较浓；而硬水中含有较多的钙离子、镁离子等，用来泡茶，茶叶中有效成分溶解度低，因此茶味淡，甚至茶汤会变成黑褐色，更有甚者会浮起一层“锈油”。总结起来，泡茶用水讲究“活”“甘”“清”“轻”，就是说好的水须为活水，水味要甘甜，水体要清净，水质为软水。

当然，我在日常生活中接触最多的还是各种桶装矿泉水，因此要学会分辨矿泉水和矿物质水。绝大部分外国产的矿泉水更适宜凉喝，加热后入口会有比较明显的矿物质味道，遑论泡茶。具体的鉴水过程，大致需要四个步骤：

一是冷喝；二是热喝；三是品阴阳；四是观察泡茶。

冷喝的时候主要看水的顺滑程度；热喝主要品鉴水的气味；品阴阳水，即是将冷水和热水相合，品尝水的顺滑程度，并嗅闻气味。最后，用不同的水，冲泡同一种茶，观测茶汤浸出的速度和均匀的状态，对茶汤的香气、质感等进行判断。

备长炭

备长炭不是竹炭。备长炭是采用坚硬的乌冈木、青冈木，用日本传统的烧炭技术和工艺烧制而成的高级炭制品，日本惯称『备长炭』。备长炭的烧制温度很高，成品孔隙细密。而竹炭质地疏松、硬度较低，在外力作用下，微孔容易堵塞变形，另外竹炭的孔径大，不利于气体分子吸附，即便是吸附了，也很容易脱离，所以处理水体能力远不如备长炭。

陶炉中的备长炭

茶事属于“饮”的范畴，而饮食一道，在饮也在食。唐代人配茶的吃食很庞杂，清代人更是配了很多油腻的食物，《红楼梦》中的描述就是个缩影。《清稗类钞 · 饮食类 · 茶肆品茶》中说得更明白：“茶叶则自云雾、龙井，下逮珠兰、梅片、毛尖，随客所欲，亦间佐以酱干、生瓜子、小果碟、酥烧饼、春卷、水晶糕、花猪肉、烧卖、饺儿、糖油馒首……”

可见今日之广东早茶、扬州早茶都是有渊源可追溯的，然而我揣测这和饮茶方式的演变有关。中国人最早是把茶叶当药来用的。既然是药，那么首先想到的利用办法当然是“吃”，所以茶叶一开始是吃的，而且是吃鲜叶。中国有一句老话“是药三分毒”，鲜茶叶在咀嚼食用后，固然可以治疗疾病，但也可能有副作用，比如损伤肠胃。所以直到唐代，茶叶的利用方式仍不超出“吃”的范畴，只是采用了类似菜粥的制作方法，加上葱、姜、盐等，中和其副作用。到了宋代，饮茶方式更进一步，可以保持茶的本味，但仍然是全叶食用，将茶叶磨成茶粉，然后将其全部喝进肚子里。茶粉的刺激性也是很大的，怎么办？让点心在胃里起“中和作用”。明代之后，“饮”与“食”的分野变得明晰，茶叶作为饮品的独立性就非常明显了，茶事不再和吃食混在一起。

从清代开始，中国的六大茶类齐备，制茶匠人通过发酵（酶促氧化反应）、焙火、陈放等办法来减轻茶叶的副作用，故而“喝茶一定要吃东西”已无必要，茶事活动越发独立。

当代饮茶也常配点心，但已向专门化发展。茶点一般都是茶喝过几道后再来食用，或者作为几道茶汤后更换茶品期间的过渡。

茶席配茶点的基本原则

第一，可以不配。

第二，前几泡茶可不吃点心，或者换茶过渡时吃。

第三，建议不配荤点心，一是油腻夺味，二是油渍留在品茗杯口，不雅。即使选用植物性食材，也要少用香气浓郁的坚果、椰丝等，以免争夺茶味，影响品茶。

第四，茶点不宜选酥皮类点心，此类点心易掉渣，太大的食物也不宜选用，一般以两口可以食用完为宜，以免茶客吃相不雅。

第五，茶点味宜淡雅，苦味、辣味皆不宜。绿茶可以配偏甜味的点心，红茶、花茶可以配偏酸味的点心，乌龙茶可以配偏咸味的点心。

第六，茶点宜体现季节性。

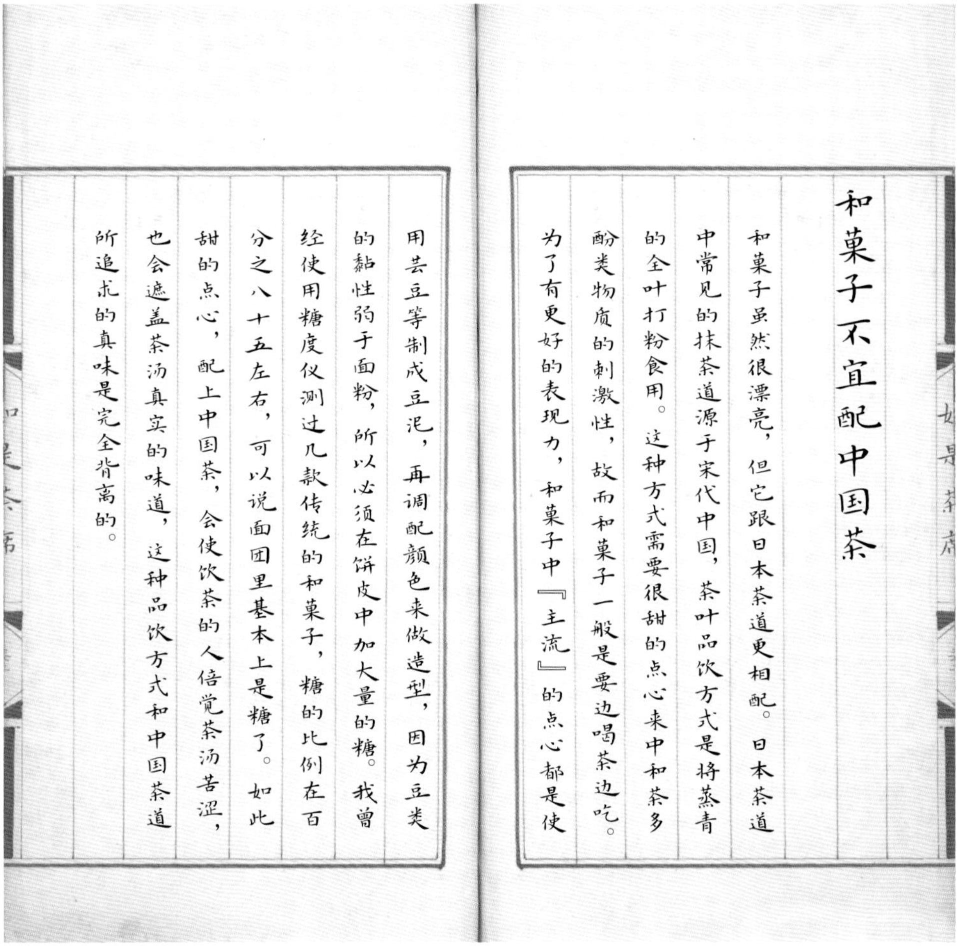
和菓子不宜配中国茶

和菓子虽然很漂亮，但它跟日本茶道更相配。日本茶道中常见的抹茶道源于宋代中国，茶叶品饮方式是将蒸青的全叶打粉食用。这种方式需要很甜的点心来中和茶多酚类物质的刺激性，故而和菓子一般是要边喝茶边吃。为了有更好的表现力，和菓子中『主流』的点心都是使用芸豆等制成豆泥，再调配颜色来做造型，因为豆类的黏性弱于面粉，所以必须在饼皮中加大量的糖。我曾经使用糖度仪测过几款传统的和菓子，糖的比例在百分之八十五左右，可以说面团里基本上是糖了。如此甜的点心，配上中国茶，会使饮茶的人倍觉茶汤苦涩，也会遮盖茶汤真实的味道，这种品饮方式和中国茶道所追求的真味是完全背离的。

茶点举例

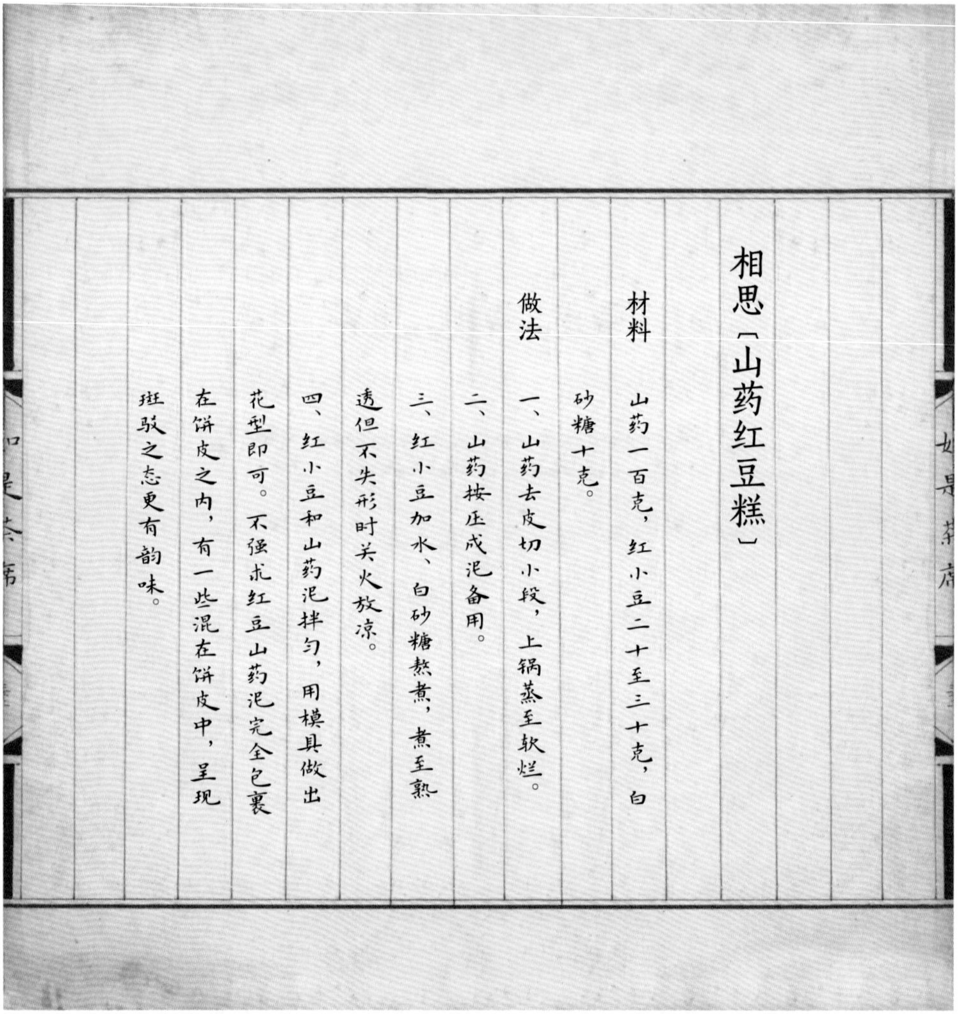

相思〔山药红豆糕〕

材料　山药一百克，红小豆二十至三十克，白砂糖十克。

做法　一、山药去皮切小段，上锅蒸至软烂。

二、山药按压成泥备用。

三、红小豆加水、白砂糖熬煮，煮至熟透但不失形时关火放凉。

四、红小豆和山药泥拌匀，用模具做出花型即可。不强求红豆山药泥完全包裹在饼皮之内，有一些混在饼皮中，呈现斑驳之态更有韵味。

山药红豆糕

蓬莱糕〔八珍糕〕

材料　茯苓二十克，白扁豆二十克，莲子二十克，薏米二十克，怀山药四十克，芡实十克，大米三百克，糯米一百克，绵白糖适量。

做法

一、各种材料一起打成粉。

二、绵白糖用温水化开，倒入粉中，拌匀成小颗粒。

三、过筛成细粉放入模具中。

四、上锅蒸熟。放凉划成小块即成。

水陆二仙丸〔松花藕团〕

材料　藕粉适量，松花粉适量，糯米粉适量。

做法　一、藕粉碾细。

二、加入糯米粉、开水，和成藕粉糯米粉团。

三、上锅蒸至半透明。

四、滚粘松花粉即成。

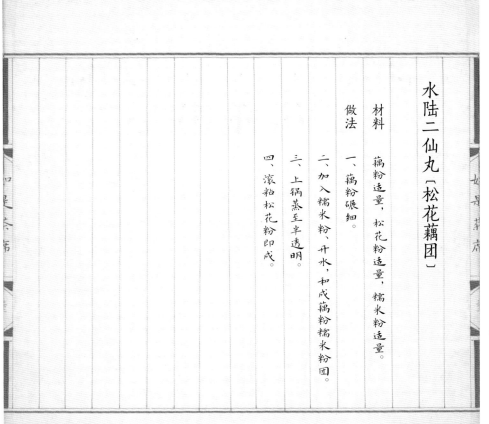

肆

茶席美化

茶席是静止的，然而它却可以传达出动态的生机。

这种『生』，是布置之美，是草木繁荣，

是金炉传香……

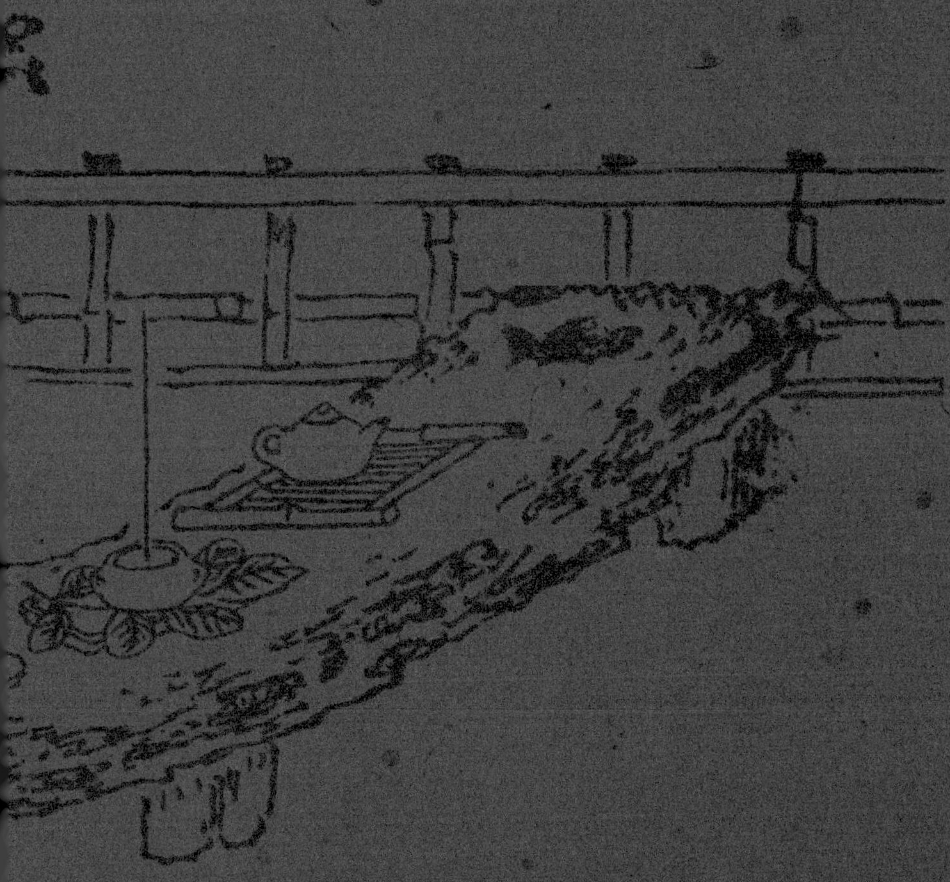

茶席布

茶席布，材质不一定得是布，竹丝、织锦、麻苇、素纸皆可。茶席布的运用，我有三点心得。一是，茶席布最好与室外天气、环境有反差。意即室外冬意萧索，席布的颜色反而可以略微活泼、鲜艳；室外艳阳高照，茶席布的颜色反而可以俭素清冷。二是，茶席布可以两层叠放，上层与下层颜色不同，显示层次感。但是要注意配色，这没有一定之规，整体上没有浑浊之感即可。三是，茶席布可以华丽，因为上面还要布设茶具，总体上压得住即可。但要注意，如果是茶席布本身的纹理、花样华丽，那么问题不大，因为往往艳而不浮；如果是茶席布上还有大面积的刺绣、绘画或者其他装饰，就往往显得繁杂而不够雅气了。

有的时候，我布设茶席会以西阵织的和服腰带作为茶席布。西阵是日本京都的一个地区，以生产高级织物闻名。西阵织往往花色繁复、华丽闪耀，很多效果类似于缂丝，显得织物厚重而有层次感，是日本“国宝级”的传统技艺。中国丝绸当然是世界级的织物之一，不过相较而言，西阵织的和服腰带，正反经络编织，双层缝制，比丝绸要厚重，且宽窄长短往往比较适宜茶席布设。

夏布，顾名思义，适宜夏天使用的布，柔软又透气。手工夏布历史悠久，是我国地方传统手工艺品。它是以苎麻为原料编织而成的麻布，成品经纬清晰，纹理颇有宣纸之风，但气质更为粗放，更具有生活气息。

日本西阵织和服腰带

竹纹刺绣茶席布

纸质茶席布

黑地暗色花卉纹茶席布

肆
陆拾伍

真金线珊瑚底西阵织……

席上插花

茶席上不一定非要有插花，因为不能让花喧宾夺主，须知茶席的主角永远是茶。插花本身是一门独立的艺术。但从茶人的角度来说，诸艺勃兴，是一个转俗成雅的过程。掌握插花、香道等艺术形式，将之很好地融合到茶席之中，会让一个茶人变得更加博雅——广博多闻、气质优雅，美好的茶席意味着茶人身心健康，境界不俗。

插花风格有中式、西式之分，两者没有绝对的高下，但是中式插花的人文性更强，意境更显深远。茶席之上一定的艺术思想和插花技艺相结合，使生活更加艺术化。

袁宏道《瓶史》书影

要想了解中式插花，大家可以多读《瓶花谱》和《瓶史》，也可以多观察古代绘画作品中的插花。《瓶花谱》为明人张谦德所著，虽然仅有一千九百余字，却分为品瓶、品花、折枝、插贮、滋养、事宜、花忌、护瓶等八节，充分体现了花艺的专业性。《瓶史》为明人袁宏道所著，它并非讲述瓶的历史，而是专论插花，其中也讲到了花瓶的选择搭配之法。而说到古代绘画，有插花画面的作品太多了，我比较喜欢的有清人朱梦庐的《岁朝清供图》、焦秉贞的《清供图》、黄山寿的《岁朝清供图》、虚谷的《瓶菊图》和明人陈洪绶的《冰壶秋色图》等作品。

具体说到茶席插花，一般选用中式插花，总原则是：大小适宜，体现自然美。如果在山野中布设茶席，四周往往已有时令之花，那么席间就无须插花。

花材选用原则

第一，少用草本花材。花性平等，而花姿不同。草本花材张力不够，不能充分体现稳定的姿态，偏于柔弱。如果要用，则尽量搭配木本枝条使用。另外，木本花材在水中保鲜的时间较长，而有些草本花材一剪取，可能一两个小时就完全蔫掉了，用来插花反为不美。

第二，注意使用当季之花。袁宏道在《瓶史》中说：『余于诸花取其近而易致者：入春为梅，为海棠；夏为牡丹，为芍药，为石榴；秋为木樨，为莲、菊；冬为蜡梅。一室之内，荀香何粉，迭为宾客。取之虽近，终不敢滥及凡卉，就使乏花，宁贮竹柏数枝以充之。』

第三，少用西洋风格的花材。玫瑰、鸢尾、康乃馨、百合等花材也美好，却往往天生带有西洋范儿，容易令茶席产生违和感。

第四，少用色泽过于艳丽的大头花材。虽然插花中也有焦点花，但是茶席整体尚清雅，过于艳丽的大头花容易与此调性不符。

第五，少用气味浓郁的花材。茶席之香，应以茶香为主，插花贯穿茶席始终，故而不要用气味浓烈的花材，花香反遮茶香，不妥。蜡梅之类的花虽然香偏幽然或者香而不燥，但是枝干过于直硬，还是要谨慎搭配使用。

第六，考虑茶会或者茶事的主题。一场茶会，往往会有对应的主题，能够根据主题选择主花材，便是极适宜的。例如，茶会的主题围绕竹子来展开，插花用牡丹就显得『离题』了。

第七，注意线条和造型。抛开花材多寡、价格高低，插花应针对茶事，选择适宜的花器并与之相配。即使只有一枝花材，也要有造型感。例如，应对秋景，在玉壶春瓶中插一枝狗尾草，这狗尾草略带弧线、草头大小适中，所造之景也能体现自然的韵味。

推荐花材

常用的花材有梅花（中国传统梅花）、兰花、菊花、竹子、文竹、松枝、茶花、荷花、杜鹃、海棠花、杏花、红枫、石榴花等。水仙、栀子花、蜡梅等一般不做茶席花，若有较为开阔的茶空间，也可以作为空间花。

特别需要指出的是，蜡梅不是传统意义上的梅花。梅花是蔷薇科植物，花或红或白，香气清幽雅正，不夺茶香，可以作为茶席插花雅设。蜡梅则属于蜡梅科，香气虽然也芬芳可人，但是对于茶事活动来说，其味显得过于浓烈了。

用好『非花之花』

茶席之上，不是一定要用插花，摆设『清供』类物品有时会更具意象。清供有两层意思，一指清雅的供品，如松、竹、梅、鲜花、瓜果等；二指古器物、盆景等供玩赏的东西，如文房清供、书斋清供和案头清供等。茶席之上不插花，摆放一盆蒲草，葱绿可人；也可以放置一盆灵芝，仙气隐隐；还可以布设佛手、柿子、石榴、盆景等，都是体现人文气息的。

花器的选择

张谦德在《瓶花谱》中说到花器的选择，很有见地：『凡插贮花，先须择瓶：春冬用铜，秋夏用磁，因乎时也；堂厦宜大，书室宜小，因乎地也。贵磁、铜，贱金、银，尚清雅也。忌有环，忌成对，像神祠也。口欲小而足欲厚，取其安稳而不泄气也。』

陶瓶、瓷瓶，材料来源于土，如果是老瓶子，更加经受土气，用来插花能够延长花期；铜有一定的杀菌作用，故而铜花瓶用以插花也很不错。我在茶事活动中，选择花器基本不设限，竹筒、竹篮等竹木器也经常使用。

花器的造型十分丰富，瓶、盆、碗、罐、缸、筒、篮等，皆可以插花。从大小来说，案上宜小巧，落地宜大气。

《瓶花谱》中对花的品评

一品九命　兰、牡丹、梅、蜡梅、各色细叶菊、水仙、滇茶、瑞香、菖阳。

二品八命　蕙、酴醿、西府海棠、宝珠茉莉、黄白山茶、岩桂、白菱、松枝、含笑、茶花。

三品七命　芍药、各色千叶桃、莲、丁香、蜀茶、竹。

四品六命　山矾、夜合、赛兰、蔷薇、秋海棠、锦葵、杏、辛夷、各色千叶榴、佛桑、梨。

五品五命　玫瑰、薝卜、紫薇、金萱、忘忧、豆蔻。

六品四命　玉兰、迎春、芙蓉、素馨、柳芽、茶梅。

七品三命　金雀、踯躅、枸杞、金凤、千叶李、枳壳、杜鹃。

八品二命　千叶戎葵、玉簪、鸡冠、洛阳、林禽、秋葵。

九品一命　剪春罗、剪秋罗、高良姜、石菊、牵牛、木瓜、淡竹叶。

花材的固定与构图

花器中用于固定花枝的方法，常见的有三种：剑山固定、花泥固定、做撒固定。三种方法没有绝对的高下之分。但我比较喜欢利用较细瓶口直接固定或者做撒固定。因为剑山难免露出，打破了和合之气；而花泥露出，又容易影响插花的美感。后来偶然间发现了七宝花留，是一个固定花枝的好工具。插花造型，如果为了追求稳定，三角形构图是个较简宜的法子，但是中式插花变化多端，也不一定受此限制。有些易于操作之规，具体如左。

直立型：第一主枝直立，高度大于宽度。

倾斜型：第一主枝倾斜，水平以上三十度至六十度。

悬崖型：主体枝低于水平线。

平卧型：花材基本处于同一个平面。

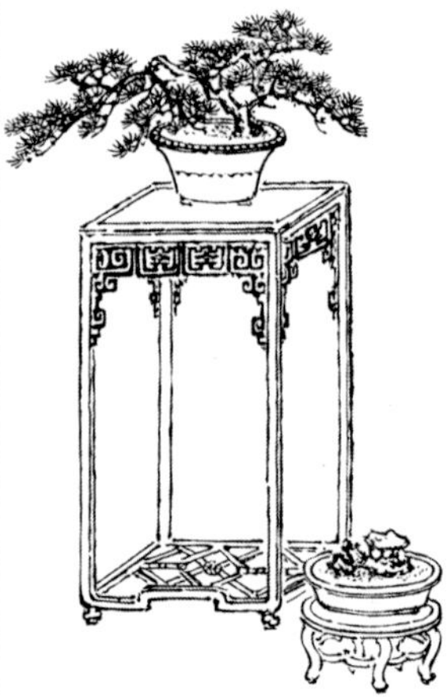

插花步骤

下面以直立型为例，具体分解插花步骤和技巧。

第一，确定三主枝的高度。第一主枝高度约是花器高度或直径的一点五倍；第二主枝为第一主枝的四分之三至二分之一；第三主枝为第二主枝的四分之三至二分之一。

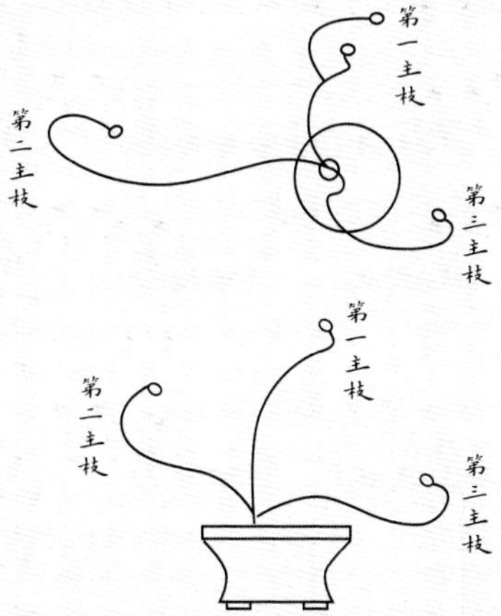
第一主枝
第二主枝
第三主枝
第一主枝
第二主枝
第三主枝

第二，插主体。第一主枝基本直立，通常在花器中心偏左；第二主枝向左前四十五度；第三主枝向右前七十五度。

第三，插焦点花。应在主枝之间或第一主枝前下方前倾插入，如果觉得不平衡，可在另一边主枝之间插入稍短辅助枝。

第四，修整。多个角度修整，不必过于拘泥。

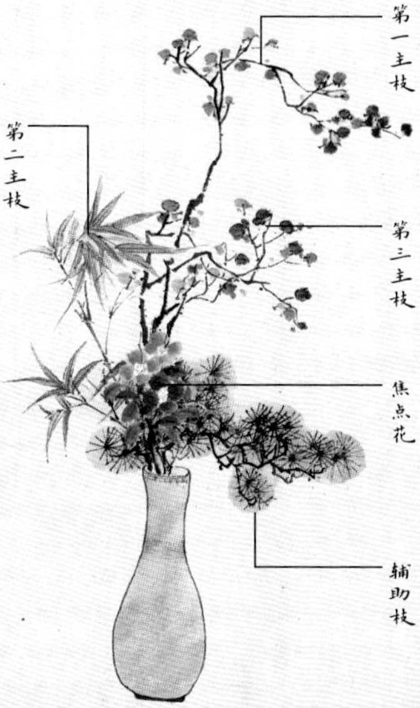
第一主枝
第二主枝
第三主枝
焦点花
辅助枝

总之，好的茶席插花，一是要稳固，便于移动，不能一动就散；二是不喧宾夺主，又自成一方天地；三是能维持一段时间的生机，且便于简单养护。

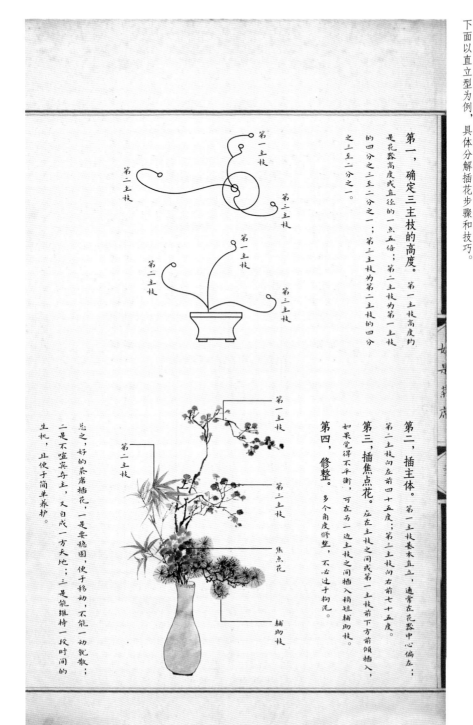

席上 用香

品茶最通用的评价标准还是“香、清、甘、活”。这四个字的顺序是不能变的。“香”指香气，香气是活泼的、变化的、多元的，富有层次，能够最先引发人的感觉和联想。“清”是指茶汤，既通透明澈，又大象无形，茶汤明明蕴含很多内容，可依然明净；“甘”是舌和喉的感觉，不是甜，甜是直白的、呆板的，“甘”是循环往复、需要追寻的；“活”是综合感受香气的活，汤感的活，喝到肠胃里迅速弥散至全身的蓬勃之力。不管怎么说，“香”是最先、最直接的感受，很多人喝茶，端起茶盏来，第一句话往往是“好香啊”。

茶席用香，是茶香的延伸。关于香的定义，有广义与狭义之分。广义的“香”，是指芳香的气味，如香水、香料、香皂等。狭义的“香”，是指用天然芳香类的香料药物（简称“香药”）及植物黏合剂为原料，按中医的君、臣、佐、使（辅）的思想制定配方，对香药进行配伍及炮制，依工艺要求制作的各种香品。茶席用香，一般指后者。中国历代文人推崇的是香方调和，而不过分追求单方和名贵香料。

香并不是茶席的必需之物。茶性易染，然而只要使用得当，茶香和茶席用香并不会相互干扰，反而可使香的层次复合叠加，甚至可以依靠香气来打开嗅觉，使其他感官得以扩展，更有利于品茶。

香的意义，不在于香，而在于自己。北宋著名文学家、书法家黄庭坚认为香有“十德”，即“感格鬼神，清净心身，能拂污秽，能觉睡眠，静中成友，尘里偷闲，多而不厌，寡而为足，久藏不朽，常用无碍”。

我常喜欢焚一炉香，看着袅袅升起、变幻无形的烟气，衬着光影，有时是青色的，有时带着灰色，最终散到室内的角角落落，心里会莫名安静，享受无法分享的静谧时光。自己安定了，愿力强大，内心的力量也就增强了，好的事物、缘分就会显现。

感格鬼神，清净心身，
能拂污秽，能觉睡眠，
静中成友，尘里偷闲，
多而不厌，寡而为足，
久藏不朽，常用无碍。

香的分类

香有多种分类方法，泛泛而论似乎并不严谨。为了便于理解，还是做一综述。

按地域分。香材的配比不同，香味不同，配合不同地域的人的喜好，具有不同的流传性。根据流传区域，我们把香分为汉方、日方、藏方。汉方、藏方基本都在中国，日方主要在日本。一般来说，汉方偏向清淡高雅，日方、藏方偏于浓烈直接。

按原料分。主要看原料是一种香材还是多种香材，故而可分为单方和复方（合香）。从历史源流来看，中国人更看重合香。

按形态分。香按最终的体现形式分，可分为线香、盘香、塔香、末香（香粉）、香膏、香丸、香珠（一般雕刻）、香块（模压成各种形状）等。

按使用方法分。根据不同的使用方法，香分为燃点、空熏（非直接燃烧，而是利用高温让香味释放）、静置等。

末香

线香

盘香

香九

香珠

香膏

主要香材

制香的香材品种繁多，特别是合香的香材，昂贵的有沉香、麝香、龙涎香、藏红花等，低廉的有龙眼壳、甘蔗渣等，无不可合香炼香。

沉檀龙麝，是中药中的『四大香』，属于名贵香材，作为主香或单方香利用较多。『沉檀龙麝』到底指什么，有不同的说法：一说为沉香、檀香、龙脑香、麝香；另一说为沉香、檀香、龙涎香、麝香。我比较倾向于前者。

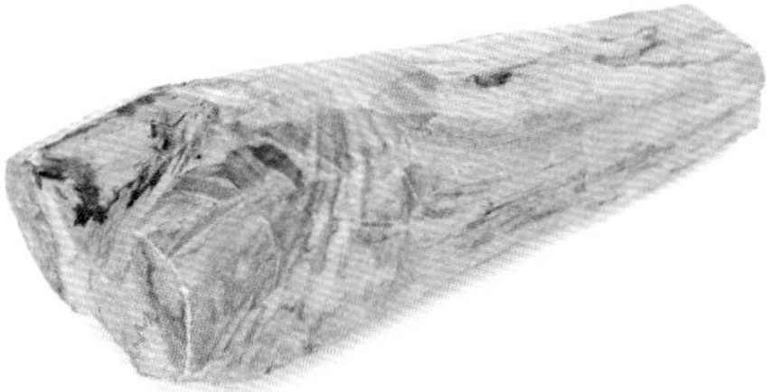

沉香

沉香为瑞香科植物白木香含有树脂的木材，现所用之品多采自人工栽培的香树，且树龄愈长质量愈佳。沉香在常温下扩香范围有限，但在熏烧时香气浓郁而悠长，能覆盖其他气味。中医认为，其性味辛香而苦温，有行气止痛、温中止呕、纳气平喘之功效，多用于胸腹胀痛、胃寒呕吐及虚喘症状，且临床常用。

檀香

檀香为檀香科小乔木檀香树的木质心材。檀香树是生长缓慢的树种之一。檀香香气幽深、宁静、醇厚，且穿透力强，与其他香料搭配熏烧时香味尤浓。中医认为，其性味辛香而温，有行气止痛、散寒调中之功效，尤其适用于温通止痛，临床常用于治疗胸痹心痛、腹冷痛、胃寒疼痛等症，外用主要治疗皮肤病，熏烧可以宁神助眠。

龙脑香

龙脑香即冰片，为樟科植物龙脑樟的加工品，一般是由新鲜枝叶提取而得的白色结晶。称“龙脑”是为了表明它的珍贵程度。冰片香气清凉纯正，浓烈刺鼻而独特。中医认为，其性味辛香而微寒，最能开窍醒神、清热止痛，故常用来救急。多入丸散剂内服，名药代表如安宫牛黄丸。

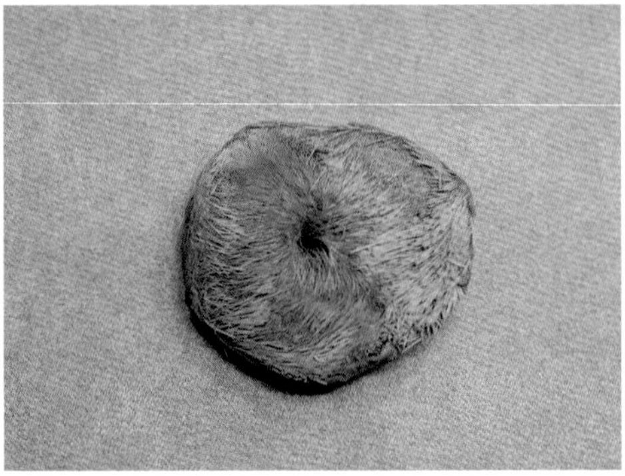

麝香

麝香为鹿科动物麝的成熟雄体肚脐下方香腺和香囊中的干燥分泌物。《甄嬛传》等剧中提到的“当门子”即为麝香的一种，俗称“麝香仁”，是麝香成颗粒状者，质量较优；而成粉末状者称元寸香。麝香固态时气味腥臭，但稀释后会呈现特殊的动物香气，香味浓烈而灵动，有强烈的穿透力和覆盖性。

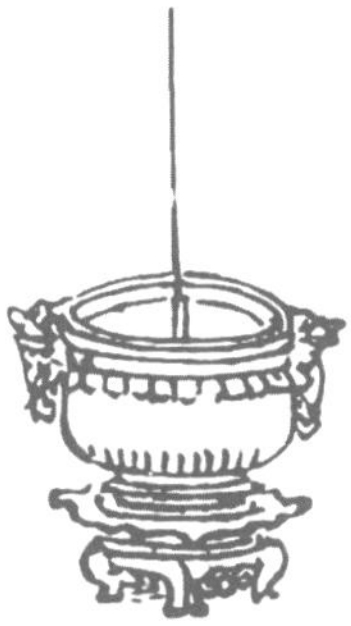

龙涎香

龙涎香来自抹香鲸，是抹香鲸肠内分泌物的干燥品。这些分泌物只有很少一部分留在抹香鲸体内，多数被排泄出来，漂浮在海上。经过长年累月的风吹日晒和海水冲刷，颜色变淡，质感变硬，陈化为一块固体物质，即龙涎香。龙涎香不溶于水，溶于乙醚等有机溶剂，常用作定香剂，提升香气的质感，并增强留香。龙涎香能调和诸香，还能“聚烟”。南宋赵汝适在《诸蕃志》中描述龙涎香是很夸张的：“和香而真用龙涎焚之，一缕翠烟浮空，结而不散，座客可用一剪分烟缕。”龙涎香之所以名贵，在于无法人工培育，只能靠运气捡到，或者靠捕鲸获取。

其他香材

其他香材，包括甘松、白芷、丁香、藿香、肉蔻、桂皮等，名单可以拉得很长。香材的使用原理是一样的，都是使原料之中的芳香物质达到“发香点”散发出香气。

古代香方

中国古代香事，非常看重香材炮制、配伍和比例，从而形成不同的香方。南朝宋史学家、文学家范晔编著了我国历史上第一部调和香料的专著——《和香方》；明代的朱权著有《焚香七要》，规范了文人香事的法度。实际上，关于香事的著作和文章是很多的，目前的香道小圈子里，常被提到的是宋代的《陈氏香谱》和明代的《香乘》。

《陈氏香谱》是宋代集众香谱的大成之作，编纂者为陈敬，字子中，北宋末年西京河南府（今河南洛阳）人，生平资料较少。《陈氏香谱》是对宋代前期大量香谱的收集整合，将包括沈立、洪刍等共十一家所著的《香谱》汇为一书，征引繁复。全书四卷，介绍了香料出处、历史、功效、用途、窨藏、用具、典故等，核心内容是合香的配方。书中所列香料达八十种，其中产于域外者占三分之二，如龙脑香、沉香、檀香、乳香、安息香、苏合香、鸡舌香、龙涎香等；产于洛阳等中原一带的占三分之一，如牡丹、丁香、白芷、梅花等。体现了作者本人的地域喜好和成长经历。书中记载合香方百余个，有印篆香方、凝和香方、拟花和百花香方、佩戴香方等。

明代的《香乘》一书是明末淮海（今江苏扬州）著名学者、香学家周嘉胄穷二十年之力，搜集整理的香学著作。全书共二十八卷，含香品五卷，佛藏诸香一卷，宫掖诸香一卷，香异一卷，香事分类二卷，香事别录二卷，香绪余一卷，法和众妙香四卷，凝合花香一卷，熏佩之香、涂傅之香共一卷，香属一卷，印香方一卷，印香图一卷，晦斋香谱一卷，墨娥小录香谱一卷，猎香新谱一卷，香炉一卷，香诗和香文各一卷，极为繁复。

为了让读者更好理解合香的意义，我以“梅花香”来举例。古时与梅花有关的香方甚多，据记载，最早以梅花命名的香为“寿阳公主梅花香”，而《陈氏香谱》中除了寿阳公主梅花香，还有李王帐中梅花香、笑梅香、肖梅香、胜梅香、浃梅香、韩魏公浓梅香等。虽然都是模拟梅花的清冷香气，然而香方各有不同。先看《陈氏香谱》中的寿阳公主梅花香香方："甘松半两，白芷半两，牡丹皮半两，藁本半两，茴香一两，丁皮一两（不见火），檀香一两，降真香一两，白梅一百枚。右除丁皮，余皆焙干为粗末，瓷器窨月余，爇如常法。"而韩魏公浓梅香的香方则是："黑角沉半两，丁香一分，郁金半分（小麦麸炒令赤色），腊茶末一钱，麝香一字，定粉一米粒（即韶粉是），白蜜一盏。右各为末，麝先细研，取腊茶之半汤点，澄清，调麝。次入沉香，次入丁香，次入郁金，次入余茶及定粉，共研细，乃入蜜，使稀稠得宜，收沙瓶器中。窨月余，取烧，久则益佳，烧时以云母石或银叶衬之。"韩魏公浓梅香窨藏的时间越久香味越好，焚时不宜用硬火，需用云母片或银叶隔火。

另外，在北宋洪刍《香谱》中记载的"梅花香法"："甘松、零陵香各一两，檀香、茴香各半两，丁香一百枚，龙脑少许，右为细末，炼蜜令合和之，干湿得中用。"该法是以甘松、零陵香、檀香等香药模拟梅花的香韵。

虽然具体配方不同，但是以各种香料来模拟梅花香韵，在《非烟香法》中有很详细的解释："梅花冷射而青涩，故余以辛夷司清，茴香司涩，白檀司寒冷，零陵司激射，发之以甘松，和之以蜜，其香如梅。"

所以，古人为什么看中合香？我想是因为合香既有统一的配置原则，又有不同的表现力，它是一件非常值得探索的事。虽然香事不是茶席之必需，然而饮茶也好，香道也好，都有"气味弥散"的艺术在其中，两者是共通的，也是可以营造的。

音律入心

茶席看似静止，实际上蕴含无限动意在其中。如执壶、倾倒茶汤、茶香缥缈等；再如席上插花的生命意向、熏香烟气的卷舒，当然还包括音乐的律动。

近年受日本茶道风格影响，国内出现了不少视觉上偏为沉重、氛围较为安静，甚至参加者须静默不语的茶会。就像禅不是固定的、凝滞的一样，茶会也不应该只有一种形式。茶单独品饮，可令饮茶人聚神凝思；众人分享，则有共同抚慰之意。除了一人、一壶、一公道杯、一品茗杯、一水盂的泡茶方式，是否可以有多个茶席主角的形式？基于这个想法，"左琴右茶、茶意相生"的泡茶风格应运而生。

左琴右茶，意思是入得茶室之门，面向长方形茶席，左手方为古琴师，右手方为泡茶师。

为什么选择古琴？

其一，古琴符合禅的精神——以简单而见希夷。古琴只有七弦，可是随手一拨，轻音起寂静安然，留白处敦睦人伦。

其二，古琴演奏很能体现一个人的气质，唤醒生命中最为本真的东西，在快节奏生活的当下，能让人们从淡雅的琴音中收获宁静与和平。

其三，古琴是文人自乐的器物，它难，难在境界；它简单，是文人闲暇时皆可弹奏之物。

其四，古琴曲的意境与茶相宜，泡茶动作亦可受琴音影响，从而呈现韵律，达到心意交融的效果。

我于音律一道并不擅长，却曾深切感受过音律的神奇。有一次，我路经武汉，得遇当地琴人耀迦，见我到来，他推掉一切琐事，又拿出珍藏的八十年代初期的老潮汕“米缸”茶招待我。茶本奇种，虽然粗老，亦为民而生。放在米缸内存放，久而忘之，却便宜了我们。我随身带了蒙顶甘露，是少见的兰花香绿茶，虽是敝帚，总是自珍。

耀迦烧好陶罐中静放的长江水，拿了他珍爱的朱泥石瓢瀹泡老单丛。隔着沉香线香的青烟，耀迦开始弹奏我最喜欢的古琴曲《平沙落雁》。大雁翔集，几起几落，望尽天涯之后，便有平淡的可贵。这支曲子最适合老茶了！我尽心感知琴曲的韵味，茶过三巡，琴曲已歇，我还在问耀迦：“怎么这曲子变得这么短了？”耀迦笑答：“你是太专注了。”呀，这种感受，就是“净”吧。

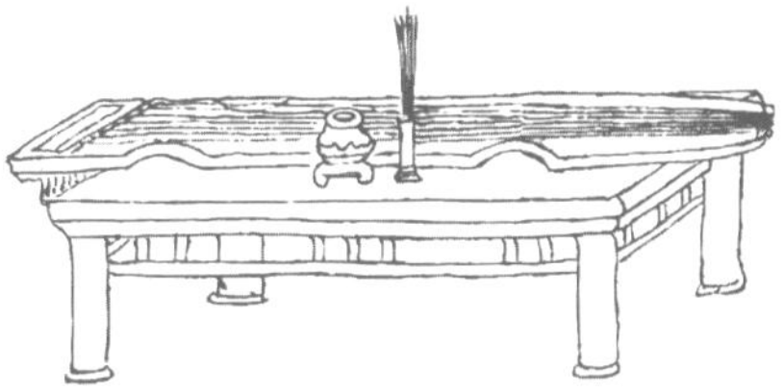

换我再用盖碗泡蒙顶甘露，因为要适当降低冲泡的水温，我用公道杯和烧水壶互相倒水来加速降温。期间耀迦选曲《双鹤听泉》，倒水之声恰与琴曲相和，有“听泉”之意。茶已出汤，琴曲恰好弹完，考耀迦是何茶，观其凝神思索，我便大笑。

这一次小小的茶会，是音律和茶的相和，这节奏甚至导引了我泡茶的动作，而我完全是不自知的。音乐是表现情感的艺术，是按照特定要求，把多种声音巧妙地组合在一起，形成优美的旋律，通过不同音符的选择和结合，对人产生影响。所以，选择适宜茶事活动的音乐，也是非常重要的。除了古琴之外，近年颂钵、空鼓、洞箫、尺八等也是茶席常见乐器，大约是因为这类乐器演奏之曲更适宜茶席活动，但归根结底，还是因为人们对茶事的深入思考。

伍

如是茶席

我们利用茶席，在有限的范围内布置出一个视觉形象空间，它让茶更加立体，而后也将随茶而去，一切茶席都是当下。时空运行与内心感受的交织，最终呈现在当下的茶席之中。

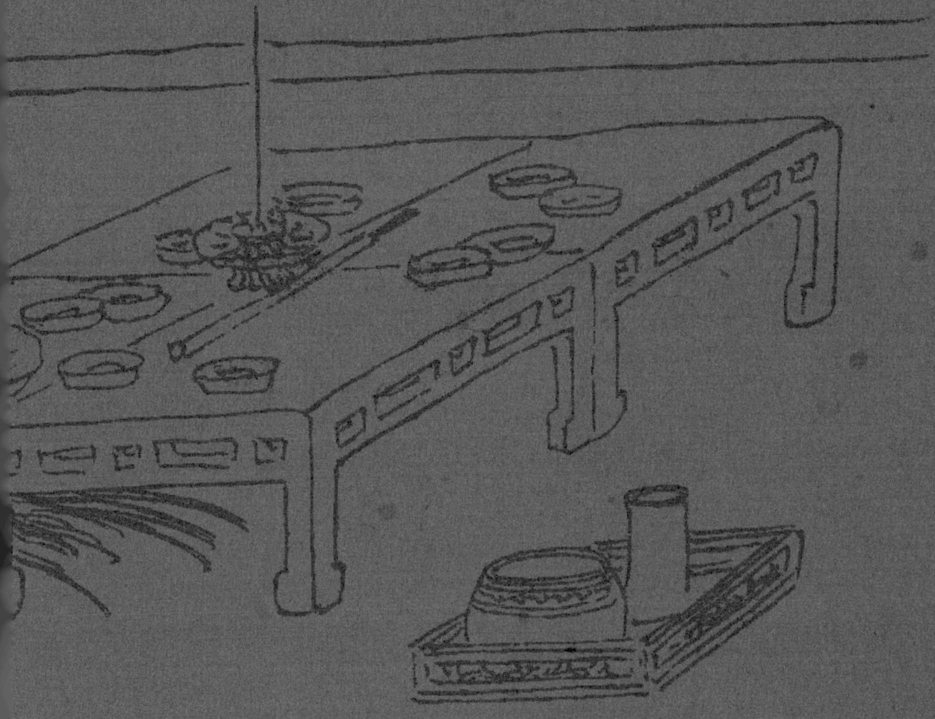

茶席基础布局

我所说的茶席，是指营造茶席的一方天地，不包括喝茶的场所。如一屋或是一隅，它和茶具本身并无直接的功能性联系，属于整体的空间营造或者舞台设计，在日常生活中并不常见。

茶席的意义到底是什么？是“曾经”。中国人饮茶方式的变迁其实是个大道至简的过程，最终从繁复的团茶演化为可以瀹泡的散茶，从繁复的雅集演化成一方茶席。茶席凝聚曾经的美，方便品饮，从而让人感

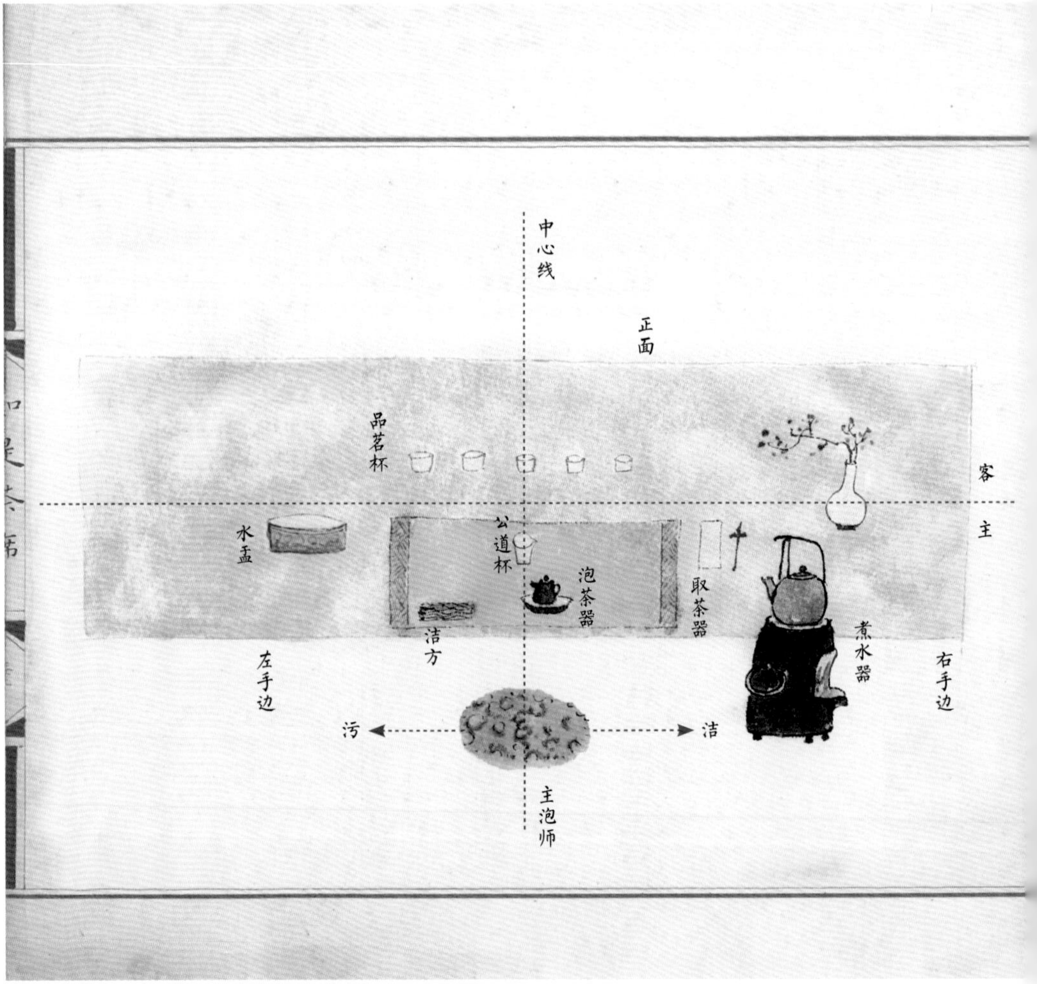

受茶汤的究竟。方便与究竟，有相与无相，你心与他心，尽在一方茶席之中。什么是方便？方即方法，便就是便于。有一种方法便于你抵达究竟，在茶事之中，茶席即如此。方便与究竟无二，有相与无相无异。我们利用茶席，在有限的范围内布置出一个视觉形象空间，它让茶更加立体，然而也终将随茶而去，一切茶席都是“当下”。时空运行与内心感受的交织，呈现在当下的茶席之中。

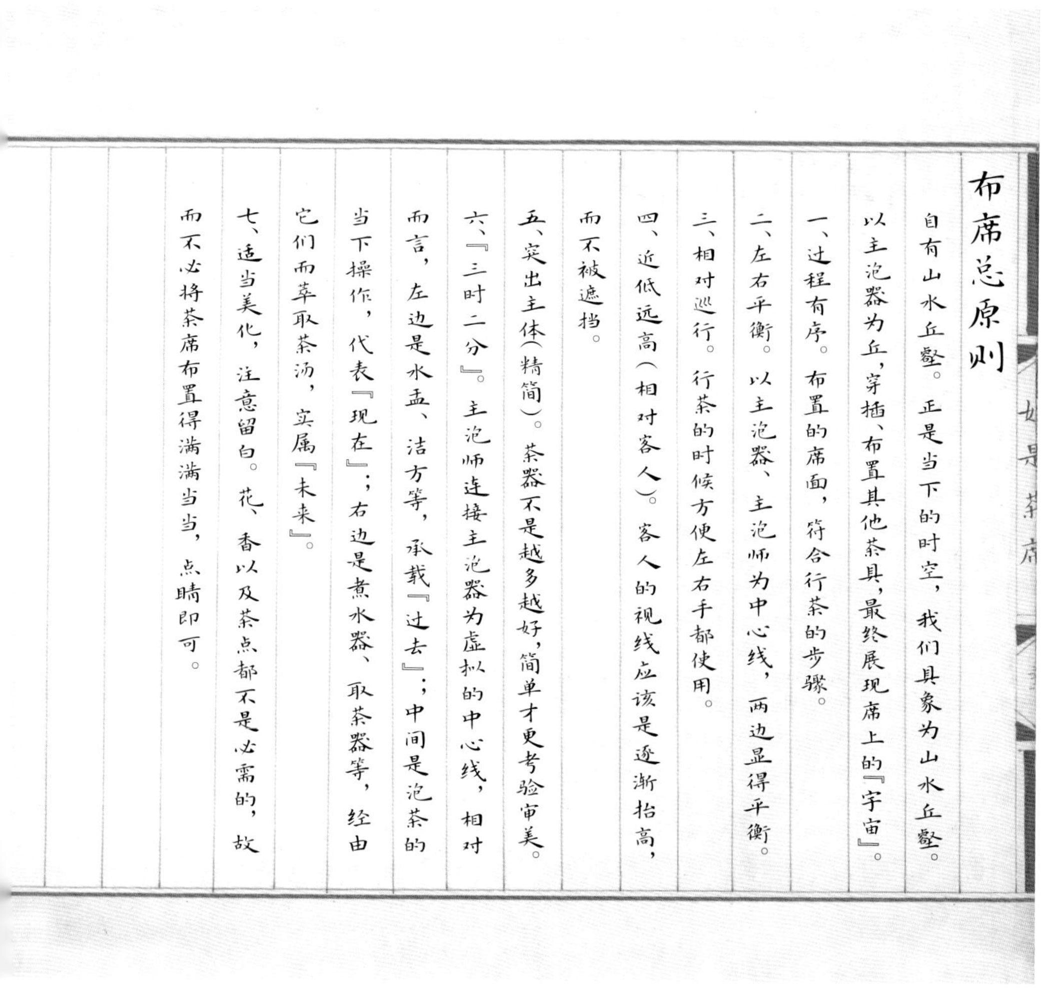
布席总原则
自有山水丘壑。正是当下的时空，我们具象为山水丘壑。
以主泡器为丘，穿插、布置其他茶具，最终展现席上的『宇宙』。
一、过程有序。布置的席面，符合行茶的步骤。
二、左右平衡。以主泡器、主泡师为中心线，两边显得平衡。
三、相对巡行。行茶的时候方便左右手都使用。
四、近低远高（相对客人）。客人的视线应该是逐渐抬高，
而不被遮挡。
五、突出主体（精简）。茶器不是越多越好，简单才更考验审美。
六、『三时二分』。主泡师连接主泡器为虚拟的中心线，相对
而言，左边是水盂、洁方等，承载『过去』；中间是泡茶的
当下操作，代表『现在』；右边是煮水器、取茶器等，经由
它们而萃取茶汤，实属『未来』。
七、适当美化，注意留白。花、香以及茶点都不是必需的，故
而不必将茶席布置得满满当当，点睛即可。

茶席的变化

品茗杯的布局变化原则：由线到面；由直线到曲线。

席布配色。如果只使用一块席布，颜色最好和季节相应，比如春夏可以绚烂一些，秋冬就可以深沉一些。当下的天气也非常重要，如果天气晴朗，可以用稳重的颜色；如果当日天阴，可以用鲜艳的颜色。如果是两层乃至多层席布（通常是在主泡区域有一块小的席布），要注意颜色相配合，不要使颜色显得浑浊。此外，不论是单层席布还是多色彩的席布，要考虑与主泡器、壶承的颜色协调，莫令其显得突兀。

用当下之物来替代现成的茶具。比如，用宣纸、笋壳作茶则，竹枝作茶拨，小石头作茶拨置，甚至用木质的搓衣板作茶盘等。

此外，还可以利用光影，因为光影是最美的配饰。

品茗杯可变化摆放

光影是最美的配饰

茶席如何有禅意

茶席的禅意通常指“清宁静谧”的感受和风格。很多时候喝茶，既是为了感受茶本身，也是为了滋养精神。通过营造茶席这一方天地，来体现自己心中的当下世界，总是一段有趣味的经历。

一方茶席如何有禅意？我认为布席者表达的意趣要有禅意。之所以能够宁静，是因为心在远方。所以，要想布一方有禅意的茶席，应谨守八个字——“胸有丘壑，意境深邃”。席上可体现天地宇宙，布席的立意是根基。平常可以多看中国古代的山水绘画、清供图录，逐渐濡染内心，心中自带禅意，布席就不止是得心应手了。

第二，茶具的摆放位置可以适当调整，将茶席以合适的比例进行分割。古罗马帝国时期思想家圣·奥古斯丁说：“美是各部分的适当比例，再加一种悦目的颜色。”这个原则对于茶席设计依然适用。首先要考虑茶具的大小比例，一般是以主泡器的大小为标准进行考量；其次还要考虑不同茶器之间的距离，不要过于局促，但也要在泡茶者自然舒展的手臂长度之内。当然，茶席要注重功能性，要牢记布置茶席是为了更好地泡茶。

茶席还要考虑色彩协调，较深的纯色底色席布会对茶器起到较好的衬托作用，比如栗棕色、蓝黑色。当然，禅的意境并非一味追求深沉，其内涵也可以是活跃、阳性的，所以使用鲜艳的纯色甚至多层堆叠的席布也是可以的。但是要注意，加上席布，整个茶席的颜色最好在三种之内。如果使用非常跳跃的色彩，要注意色彩之间的协调，如使用了不同颜色的杯具，那么底色尽量不要和杯具颜色相同。如果没有把握，那就尽量使用黑、白、棕三色的茶具和席布，或者抛弃席布，使用原木色的桌面，也是比较稳妥的。总的说来，底席代表大地，茶具代表天空，通常，底席的颜色相对而言是最深的，然后壶承、主泡器等的颜色自下而上一层一层地变浅。

另外，茶席上的茶具宁少勿多。器物不要多，即使显得孤单，也有种冷峻的意味。不要堆砌茶具，禅意是基于“空”，如果失掉了虚实相间，那就不太可能表现出禅意。但要注意的是，即使茶席上只有一壶二杯，也要注意器与器之间的呼应。单纯的两件物品很难产生美感上的呼应。这时，我们可以添加一瓶花，或者一个水盂，抑或是一把如意，使三者两两呼应。

最后，茶席要耐看，岁月的积淀之感更容易传达出禅意。茶席上能有一两样文房器物是最好的，比如承载佛手的赏盘、种在白石盆里的蒲草、类似臂搁形制的茶则、云头雨脚的文人赏石、白泥上刻修竹的风炉等，都会令茶席耐看，更能营造出宁静的氛围。

陆

岁时生活茶

岁时指一年四季，而茶是生活中不可缺少的温柔与秩序。岁时生活茶是在生活中，试图把天、地、人合一，『仰以稽诸天时，俯以验之人事』，是茶人对中华传统文化的致敬与追随。

春节 冰梅着锦

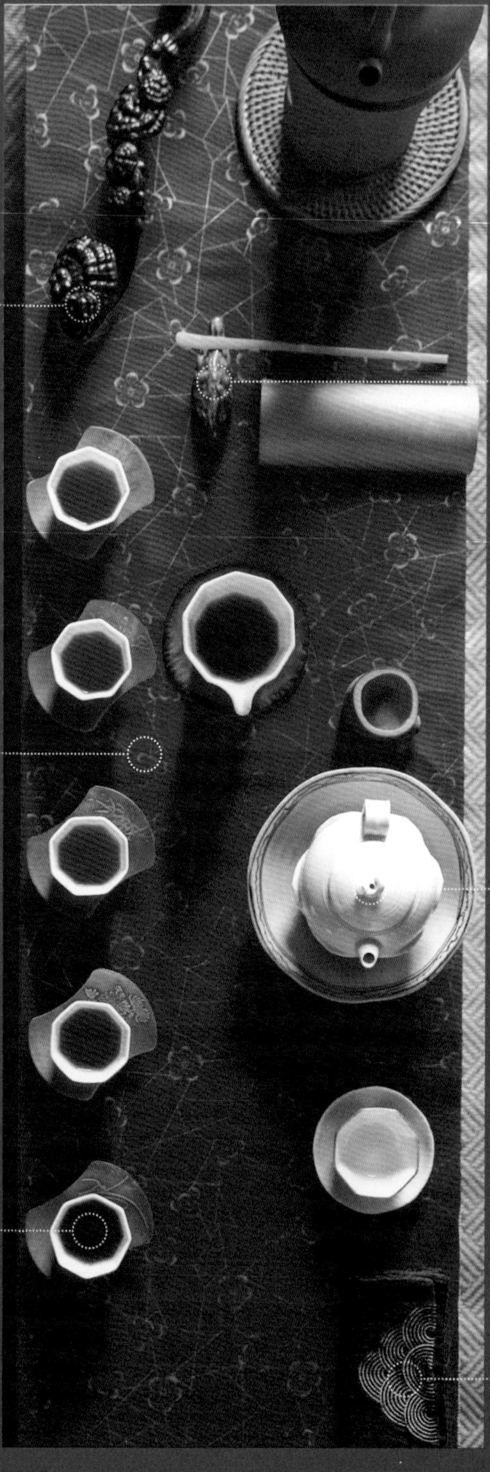

如意灵芝
年年有鱼茶捆
冰梅纹万年红宣纸
仿定窑白梅水注
如意海水纹茶巾
梅占红茶

陆

节日之意

春节，是中国人最为盛大的节日，盛大到无人能忽略，盛大到人们在春节前一个月里就莫名其妙地『飘』了，盛大到春节过后一个月很多人都不在工作状态。

春节历史悠久，由上古时代的岁首祈岁祭祀演变而来。其主要内容是感谢百神这一年的赐予，祈求来年风调雨顺、五谷丰登。在秦汉之前，充当一岁之首的是二十四节气中的『立春』。『立，建始也。』立春对中国传统农耕社会具有重要意义，因此当时重大的拜神祭祖、纳福祈岁、驱邪攘灾、除旧布新、迎春等庆典均安排在立春及其前后时段举行，而这一系列节庆活动构成了后世春节的节庆框架，许多民俗也由此沿袭至今。自汉武帝起，历法经过多次更改后，以农历正月初一为一岁之首的做法慢慢固定下来。辛亥革命以后，中国人逐渐改用公历纪年。而为区别农历和公历的两个新年，一九四九年九月二十七日，中国人民政治协商会议通过实施国际通行的公历和固有的农历的决定，正式规定农历正月初一定名『春节』，公历一月一日称为『元旦』。

春节，在民间从腊月就开始了，而传统的庆祝活动则从除夕一直持续到正月十五元宵节，喜庆气氛要持续一个月。腊月要祭灶、祭祖，扫除污秽，备新衣，备年货等；除夕要贴门神、对联、窗花，吃饺子，放鞭炮，更重要的是晚上要『守岁』；正月初一晚辈向长辈拜年，然后至亲友家贺年；初二往往『回娘家』。初三、初四继续拜年、游玩，初五休息一天，在家『崩穷』——放爆竹崩走穷神。正月初六到正月十四，继续玩，历经人日、天日、地日、谷日等，总之就是人的生日、天地的生日、谷子的生日……这其实是中国古人的感恩之心。到了正月十五元宵节，舞狮子，耍龙灯，演社火，逛花市，赏灯会，吃元宵，花灯满城，游人满街，盛况空前。在这过后，春节才算过了。

茶席主题

春节茶席，主题是“冰梅着锦”。虽然我很少用红色，但正红仿佛是指定用于春节的。此时正是梅花开放时节，冰梅纹很应景。冰梅纹，又称“冰裂梅花纹”，创制于清康熙朝，以仿宋官窑冰裂片纹为地，于其上画朵梅或枝梅，后成为文人很喜欢的装饰纹样。

春节喜庆之事，宜用锦缎。然而正红加上锦缎，富贵气太盛，不够人文雅气，故而用宣纸，裁成大小适宜的底席。宣纸使用特殊工艺制成的万年红，半生半熟，由传统颜料配加厚宣纸制作而成。新纸有浮色，放置一段时间后就不掉色了，可以几十年都不褪色。纸的表面满印描金冰梅纹饰，既显得喜意盈盈，又不失端庄大气。

宣纸的生熟

书画用宣纸，起初产于安徽泾县，泾县古属宣州，所以得名宣纸。按加工方法分类，宣纸一般可分为生宣、熟宣、半熟宣三种。生宣是最初的产品形态，吸水力强，晕染效果很好，特别适合写意水墨。生宣的品类常见的有夹贡、净皮、单宣、棉连等。熟宣在加工时会用明矾等涂抹，故纸质较生宣要硬，吸水能力弱，使用时墨和色不会洇散开来。因此，熟宣宜于工笔画而非水墨写意画。其缺点是久藏会出现『漏矾』或脆裂。熟宣可再加工，珊瑚、云母笺、冷金、洒金、蜡生金花罗纹、桃红虎皮等皆为由熟宣再加工的花色纸。半熟宣也是由生宣加工而成，吸水能力介于生宣和熟宣之间，常见品种有元书纸和玉版宣等。

主器物：仿定窑白梅水注

主泡器我选择了一把不是壶的壶——仿定窑白梅水注。

注子、水注是唐代中期以后才发展出来的新式壶形器，主要用于注酒或注水，它的出现和盛行与当时的饮食方式有关。水注一般不适合泡茶，因为不方便倾倒。这把水注在流部特别加了球型孔箅网，故而也可泡茶。茶器讲究造型艺术，即形体美最重要。下图这把水注子矮胖敦实，然而花瓣立体翻起，既不突兀又有灵动之感。定窑瓷器之白，并不刺目，坚密光润，自有静谧之美。

仿定窑白梅水注

宋代五大名窑之一的定窑，它所产的瓷器曾经被宋徽宗舍弃，改为使用汝窑器，对其“雨润天青色”最是推崇。这个变化即所谓的“弃定命汝”，比较流行的说法是，因为定窑器“有芒”——南宋陆游《老学庵笔记》载：

故都时定器不入禁中，
惟用汝器，
以定器有芒也。

这个“芒”，一般理解为“芒口”，也就是烧造过程中口沿因无釉露出胎骨而形成浅橙红色等。宋徽宗是个美学大家，他喜欢清淡素雅而又纯粹的瓷器，故而青瓷颇得他青眼。但即使再酷嗜专精的君王，对器皿的考量也不会独独从美感出发，而是在一定的美学基础上，考虑经济性和供应稳定性。宋徽宗“弃定”，应该与交通不便、自然灾害频发以及战争袭扰等“天灾人祸”密切相关。现代人应该重新审视定窑器物之美，特别是读懂定窑白瓷独特的艺术魅力。

主泡茶：梅占红茶

配合喜庆的主旨，我选择了梅占红茶。梅占本为闽南品种，原产于福建省泉州市安溪县，其名取“春为一岁首，梅占百花魁”之意。二十世纪八十年代，著名茶叶专家张天福到福建安溪芦田茶场莲峰分场开展“乌龙茶做青工艺与设备中间试验”项目，除了铁观音，他最喜欢选择梅占茶青当材料。梅占在近代移植武夷山后，本土传统制作工艺让这“外山茶”焕然一新——既有岩骨花香，又持有闽南乌龙香气馥郁的本性，成为武夷岩茶中一个优秀的小品种。

梅占本是茶树名，因为叶片比一般乌龙茶要大，故也称“大叶梅占”。其实梅占本身除了适制乌龙茶之外，也适制红茶，但往往作为高级白琳工夫的原料，所以本名不显。我选择的梅占红茶发酵充分，呈现了特有的香厚醇甜。

梅占红茶

茶性

梅占的香气细腻，具有很好的层次感。有类似花香、蜜香、果香、杏仁香等香气，每次冲泡，香气均有变化。汤色金黄清澈，入口鲜爽。

主泡器

仿定窑白梅水注。

水温

约九十五摄氏度，不洗茶。

置茶量

约泡茶器容量的四分之一。

时间

第一泡五秒出汤，以后看汤色增加时间，可以泡五六次。

存茶

干燥、避光、密封。无须冷藏。

干茶

茶汤

叶底

元宵 梅花三弄

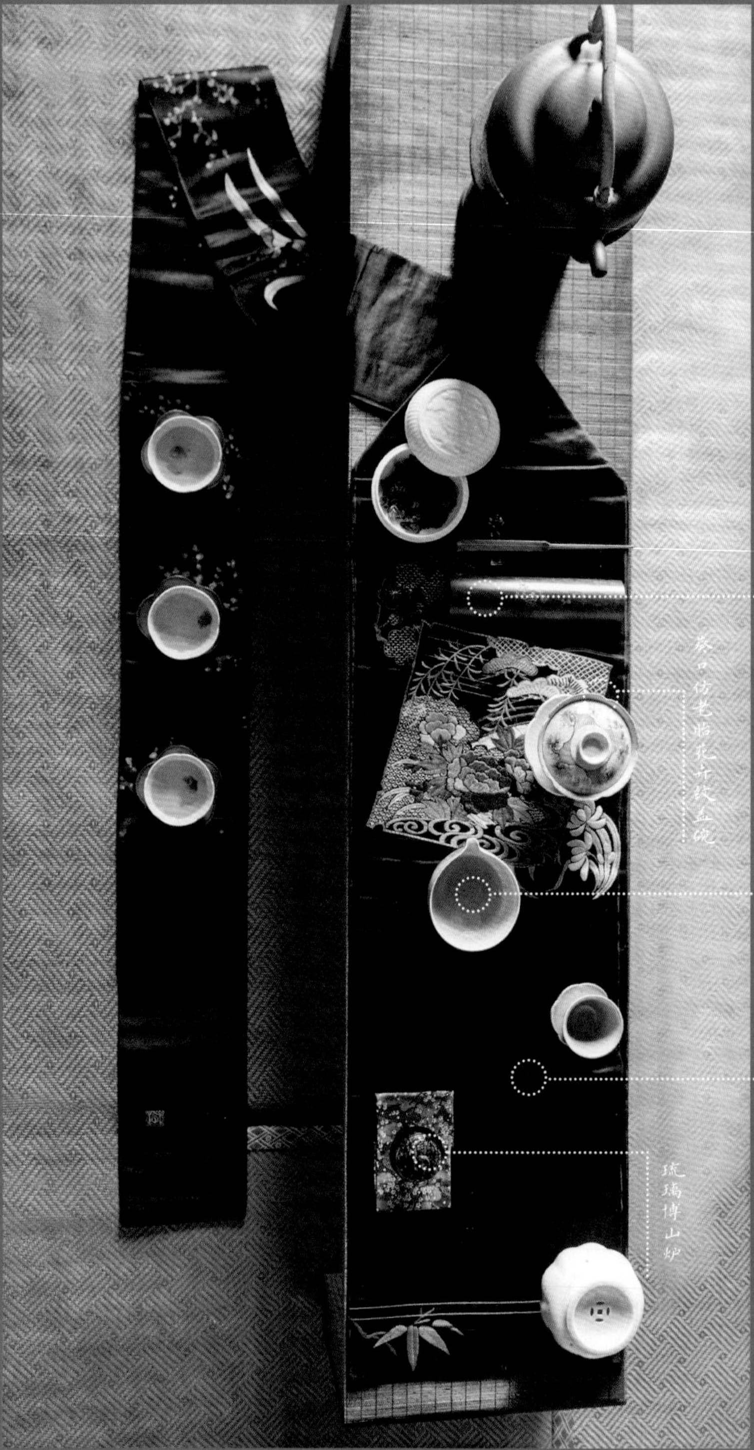

老竹刻梅花金漆茶则
葵口仿老晗花片纹盖碗
蜡梅冰岛黄片
日本西阵织和服腰带
琉璃博山炉

节日之意

元宵节是一个非常古老的节日，大约西汉时期肇始，东汉时期已经成型。传说汉文帝下令将正月十五定为元宵节。又传汉武帝把『太一神』的祭祀活动定在正月十五。太一神，据说就是屈原在《九歌》里歌颂过的『东皇太一』。东皇太一的具体身份到底是谁，有很多争议，但是毫无疑问，能以『太一』称呼，必定是至高无上的，由此可以看出『元宵节』的地位。

如今过元宵节，赏花灯是非常重要的一项活动，而元宵赏灯始于东汉明帝时期。明帝推崇佛教，佛教有正月十五日僧人观佛舍利、点灯敬佛的做法，明帝下令这一天夜晚在皇宫和寺庙里点灯敬佛，令士族庶民都挂灯。有了皇家垂范，这种佛教礼仪逐渐演变成了民间盛大的节日活动。大约到唐初，受道教影响，元宵节亦称『上元节』。道教把正月十五称为上元节，七月十五称为中元节，十月十五称为下元节，合称『三元』。道教真正将三官神祇与三元日相匹配，也是在唐代。据《唐六典》记载：『正月十五日天官，为上元；七月十五日地官，为中元；十月十五日水官，为下元。』《太上洞玄灵宝三元玉京玄都大献经》的解题云：『一切众生，生死命籍，善恶簿录，普皆系在三元九府，天、地、水三官考校功过，毫分无失。所言三元者，正月十五日为上元，即天官检勾。』也就是说神为天官、地官、水官，天官赐福、地官赦罪、水官解厄，上元天官正月十五日生，中元地官七月十五日生，下元水官十月十五日生，正月十五日就被称为『上元节』。至此，上元节为道教正月十五日天官考校的说法被世人所认可。元宵节经历了由宫廷到民间，由中原到全国的发展推广过程，最终成为汉文化圈和海外华人非常重要的节日，影响深远。

茶席主题

元宵节，茶席主题为“梅花三弄”。我从小喜欢梅花，尤喜站在雪地里欣赏梅花遒劲的姿态，醉心于此，全然忽略鞋子湿了，脚也冻僵了。北方梅花并不多，多是蜡梅。蜡梅花虽然香气扑鼻，然而枝干过直，缺乏红梅、白梅的矫曲美感。

北方元宵节往往会下大雪，这期间开放的梅花，清冷之意更甚，其孤傲不屈之意更胜日本樱花之凄美，没有自伤的小儿女姿态，更显中国人的风骨。故而虽选取古乐府落梅之曲《梅花落》字面之意设席，却并没有自怨自艾之意。人生起起伏伏、心境高高低低，不执着，敢面对，才是“梅花香自苦寒来”的真意。

古乐府《梅花落》

《梅花落》属乐府横吹曲调，传为西汉李延年所作，别名《落梅》《落梅花》《大梅花》《小梅花》等。『横吹』属古乐府中的鼓吹部，《梅花落》就是鼓吹部中的『横吹曲』。『横吹』不仅是横吹曲的简称，也是乐器的称谓，其形类于笛子，但没有笛膜，更像横吹的短箫。在古乐府中，诗与音乐在意义上不可分割，是什么曲调，就配其内容的诗，因此《梅花落》也是乐府诗题，所以《梅花落》的乐曲和诗都是以傲雪凌霜的梅花为主题，相传此曲后世演变成笛子名曲《梅花三弄》。

主器物：老竹刻梅花金漆茶则

此次茶席呈现了虚实相生的意义：实的是绘有白梅的茶席、刻有梅花的茶则和蜡梅熏过的茶叶，虚的是品饮蜡梅香茶时的感受，这个感受随着冲泡次数而富于层次变化，故而真正的“梅花三弄”存于每个品饮者的心中。只有品出各自的体会才算完成了一席茶。茶席不是“死”的装置或者摆设，它是以“活”的流程来完成的，即泡茶者冲泡好茶汤，品饮者喝下茶汤得到感受。

这里着重介绍茶席中一个看似不起眼的器物——茶则。这款茶则是老竹刻梅花金漆茶则。竹子和茶树一样是中国的原生植物，竹与梅、兰、菊并称为“四君子”，与梅、松并称为“岁寒三友”，在中国广受喜爱。尤其是文人墨客，几乎到了偏爱痴狂的程度。这款茶则是用老煤竹雕刻而成的。煤竹又称烟熏竹。山乡之民往往就地取材，用竹材搭建厨房，日常使用柴火、煤炭煮饭，竹材

久被烟熏，自然而然形成温润的褐色光泽，有的犹如乌龙茶色，有的犹如陈年普洱茶色，极为迷人。而由于经过烟熏，虫菌等不易依附，故竹材能够长久保存。自然形成的老煤竹是经炉烟长期间接熏成的，而并非直接使用炉烟短期熏烤而成，通常需要历时几十年、上百年之久，才会形成温润的包浆。在日本，老煤竹常被人们视为珍贵古物，如今的人们也已经不使用煤炭、柴火等燃料，老煤竹日渐稀少，上等的老煤竹制成的茶则于是成了茶人梦寐以求的心爱之物。这款茶则表面刻有梅花，疏朗有致，有天然之气，又用大漆涂刷刻痕，之后饰以金粉，再涂刷大漆保护，防止金粉脱落，茶则上的梅花自有暗香涌动的意蕴。

主泡茶：蜡梅冰岛黄片

配合茶席主题，我冲泡的是自制的“蜡梅冰岛黄片”。

在普洱茶里，我偏爱勐库小产区的茶。勐库位于澜沧江畔，隶属云南省临沧市双江自治县，是大叶种茶的发源地。勐库茶区的土壤类型为黄棕壤，年降雨量约两千毫米，森林覆盖率高。一九八四年，经全国茶树良种审定委员会审定，勐库大叶种被评定为中国国家级优良茶种。勐库的地形为两山夹一河一坝，两山指邦马山与马鞍山，一河指南勐河，一坝指勐库坝。邦马山与马鞍山对峙，南勐河流经两山之间，勐库人习惯上以南勐河为界，将南勐河东边的马鞍山称为东半山，南勐河西边的邦马山称为西半山。无论东半山、西半山，勐库茶品质都极为优异，名寨很多，比如东半山的那赛、坝糯，西半山的懂过、大户赛、小户赛，当然最知名的还属西半山的冰岛。

蜡梅冰岛黄片

普洱茶整体滋味浓郁厚重，也得益于其良好的生长环境。不过，普洱茶是一种后发酵茶，无论是人工还是自然陈化，都必须经过发酵。新的生茶只能算半成品，如果是在北京这样干燥的城市，放个七八年再喝，才可算是普洱茶，否则只能算原材料。原材料有什么问题呢？多酚类物质含量过高。多酚类物质是把双刃剑，少量的多酚类物质有助于人体健康，过量的多酚类物质则可能副作用比较大，尤其是对肝脏。优质的普洱生茶中多酚类物质的含量往往超过百分之三十，而从健康角度来说，多酚类物质含量宜控制在百分之十五以下。人工发酵的熟普洱茶解决了这个问题。而生茶经过陈化，也解决了这个问题。云南当地人很早就发现了这个问题，他们发明了“罐罐茶”，通过在陶罐里高温烘烤茶叶至表层发焦的方法，来分解茶中的多酚类物质。

我是怎么解决这一问题呢？一是选择黄片，二是自制花茶。所谓“黄片”，其实不值钱，以前也不能作为茶产品出售，多是茶农留着自己喝。说白了，黄片就是老茶树上的老叶子，比较粗老，内容物也不多，多数老叶时间长了会泛黄，因此得名“黄片”。黄片多酚类物质含量不高，口感不苦不涩，水路走向偏甜，而且不像嫩叶生茶那么伤胃。自制花茶，是利用鲜花吐香、茶叶吸味的原理。而且鲜花吐香，水汽增加，茶叶会出现些许水湿发酵的现象，颜色转向黄绿，口感转向醇厚。当然，自制花茶要注意鲜花的比例，不要让茶叶过潮，也要及时烘干。

我有位朋友是冰岛茶农，在他的帮助下，我找到了正宗的冰岛黄片，将茶叶拌和了鲜蜡梅花窨制，也没有提花。有意思的是，制作过程中我是用干净的电饭煲干烧来烘干的。

蜡梅冰岛黄片

茶性　茶汤明黄透亮，且带有胶质感。初始香气带有淡淡的蜡梅花香，后面几泡茶叶本身的草叶香、花香、蜜糖香交织，中后段香蕴于水，茶汤入口顺滑，滋味略有苦涩，但数秒之后即回甘生津，甜淳如淡蜂蜜水。但是整体感觉仍是浓强直接的，茶汤力量感强劲。

主泡器　葵口仿老胎花卉纹盖碗。

水温　一百摄氏度，不洗茶。

置茶量　约盖碗容量的三分之一。

时间　第一泡十秒出汤，以后看汤色增加时间，可以泡八九次。黄片内容物不算多，可以闷泡，时间稍长一些亦无问题。

存茶　避光、密封。无须冷藏。

干茶

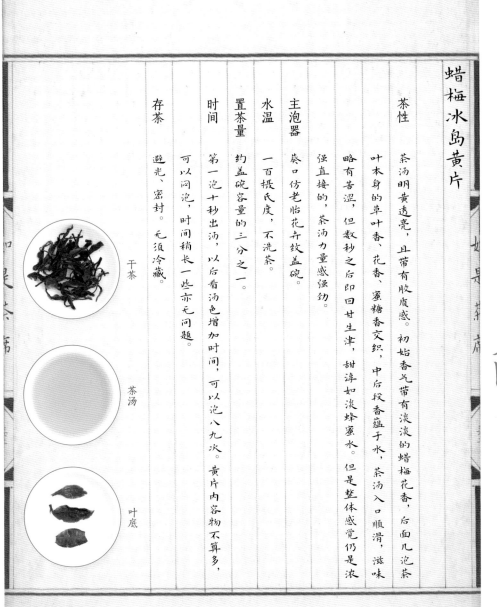

茶汤

叶底

二月节

鹤鸣九皋

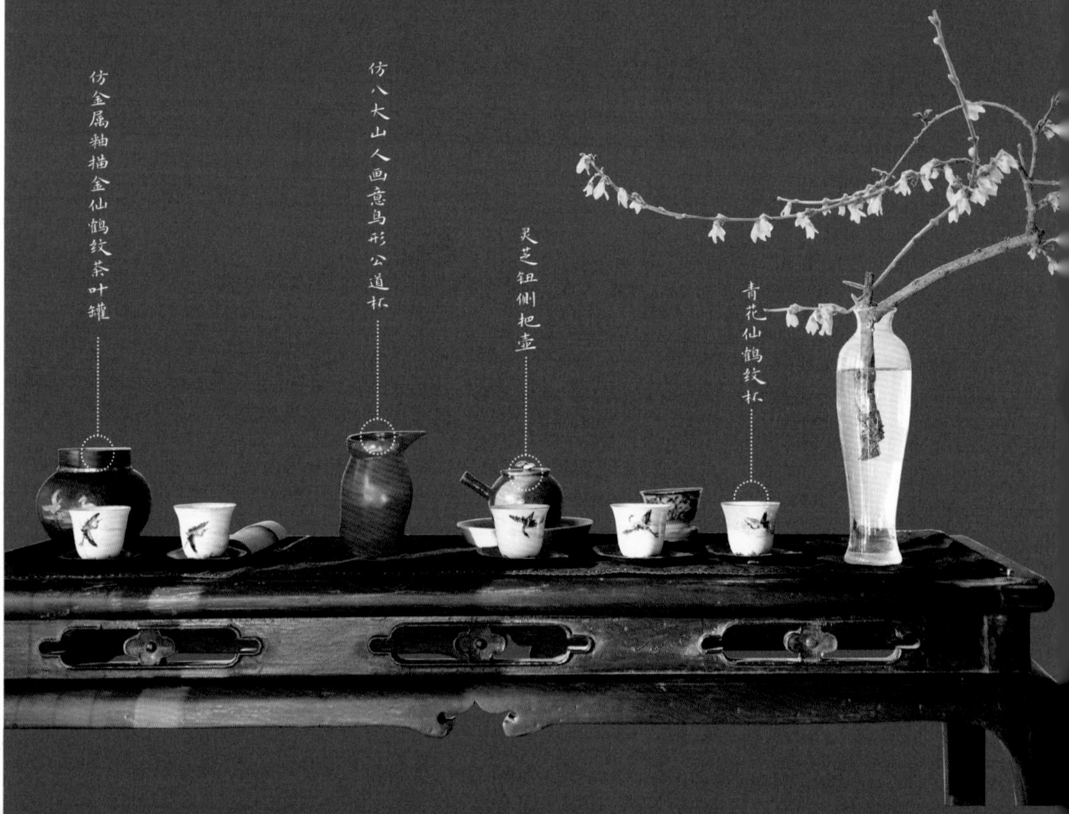
仿金属釉描金仙鹤纹茶叶罐
仿八大山人画意鸟形公道杯
灵芝钮侧把壶
青花仙鹤纹杯

陆

节日之意

《月令七十二候集解》中说：『二月节……万物出乎震，震为雷，故曰惊蛰。是蛰虫惊而出走矣。』这一节气和立春、雨水一脉相承：立春东风解冻，雨水春雨酝酿，而惊蛰春雷始鸣，天地震动。昆虫、走兽在立春时已经有苏醒的迹象，但仍在『赖床』，到了惊蛰，万物彻底清醒过来。仿佛一场生命的大戏酝酿已成。前两个节气还在舞台上布景准备，惊蛰一到，大幕拉开，生长繁衍的戏码就轰轰烈烈地上演。

古人非常在乎人与自然的联结，天的虚与地的实相依相生，人就在这一虚一实间生活。『二月二，龙抬头』，农历二月初二也是民间很重要的日子，家家户户的男人们都在这一天剃头，借一借龙抬头的好运势。这个龙是天上的龙，是潜龙勿用的龙，是在地上触摸不到可以借助实相来理解的龙。龙是鳞虫之首，行云布雨。立春起东风，风云既来，云从龙，而雨随之，所以，雨水准备。龙一抬头，百虫皆走，春天真正到来，人们必须忙碌起来了。所谓『一年之计在于春』，春天不忙碌，秋天无粮收。泛化开来，这个『粮』其实是指一切劳动的果实。

我曾经在大理居住多年，大理有种美味的特产——鸡枞菌。野生鸡枞的生长和采摘都是在雷雨季。天一打雷，大气中氮的含量激增，随雨水落到白蚂蚁窝上，形成复合的氮肥，鸡枞的菌丝会迅速生长，成为不可多得的菌中之花。一场雷雨，不啻从天而降的肥料，这鸡枞菌正是天地的美好馈赠。

涉及雷火震动的卦象叫作『雷火丰卦』。大体是说，盈虚之间、满亏之变，是种规律，天地尚不能避免，何况人呢？天地盈虚传达出一种消息，人就应该得消息而动，在该努力时尽量累积，才能应对未来的虚耗。所以，惊蛰，与其说惊的是百虫万兽，不如说是在催人奋进啊！

茶席主题

此次茶席其实取“一飞冲天”之势，运用比较素雅的仙鹤，也表祥瑞之意。鹤在中国往往以“仙鹤”称，古人认为骑着仙鹤可以登仙，故而鹤也有遨游天地、与天齐寿之意。鹤的种类不少，如赤颈鹤、灰鹤、丹顶鹤、白枕鹤、白鹤、沙丘鹤、白头鹤、黑颈鹤等，仙鹤一般是指丹顶鹤。丹顶鹤性情高雅，形态美丽，素以喙、颈、腿“三长”著称，直立时可达一米多高，看起来仙风道骨，被称为“一品鸟”，地位仅次于凤凰。我很喜欢的语句“鹤鸣九皋”出自《诗经·小雅·鹤鸣》：“鹤鸣于九皋，声闻于野。鱼潜在渊，或在于渚。乐彼之园，爰有树檀，其下维萚。他山之石，可以为错。鹤鸣于九皋，声闻于天。鱼在于渚，或潜在渊。乐彼之园，爰有树檀，其下维榖。它山之石，可以攻玉。”

幽幽的泽边仙鹤鸣叫，清亮的声音传遍四野。深深的渊潭里有不少游鱼，时而潜游，时而浮到沙洲边。在那园中真快乐，高大的檀树浓荫遮蔽，地面上是凋零的落叶。他方山上有佳石，可以用来磨玉英。幽幽的泽边仙鹤唳啸，声传九天之上。浅浅的沙洲边鱼儿浮游，有时也潜入渊潭嬉戏。在那园中真快乐，高大的檀树枝叶浓密，下面的楮树却矮又细。他方山上有佳石，可以用来琢玉器。

这是一篇充满画面感的佳作，鹤在水边高地上清丽成歌，气象清明无比。

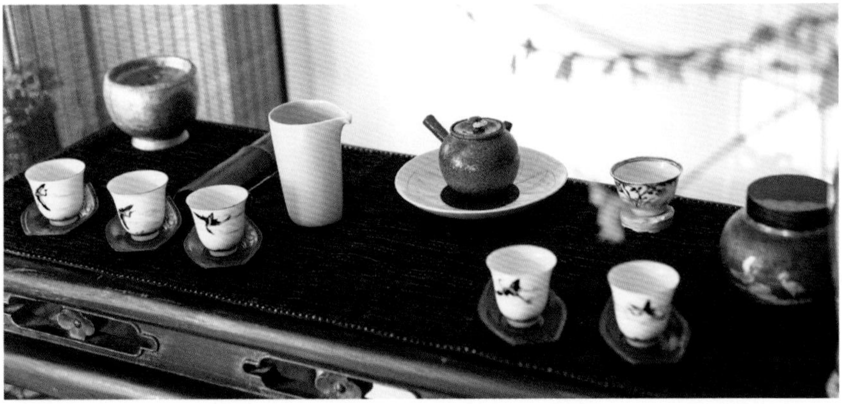

主器物：灵芝钮侧把壶

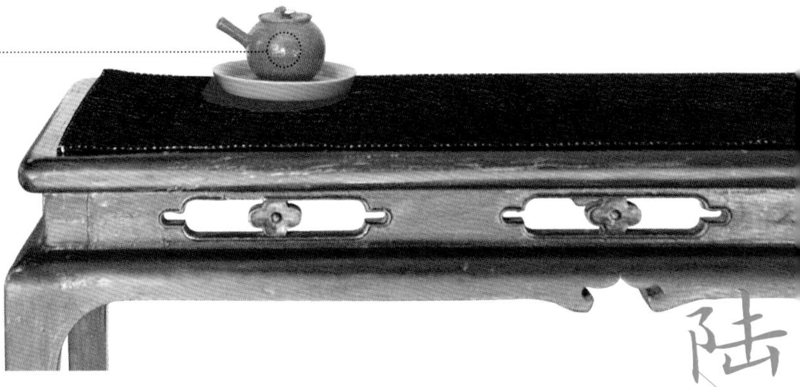

主泡器是一把灵芝钮侧把壶，虽然没有出现仙鹤的形象，但是暗合“鹤衔灵芝”之意。民间传说《白蛇传》中有白蛇盗仙草以使许仙起死回生的情节，这里的仙草就是灵芝，被仙鹤看守着。中国古代有很多仙鹤和灵芝同时出现的祥瑞纹样，青铜器、玉器、瓷器绘饰上皆常见。这把壶使用的泥料以火山泥为主，表面施以松木灰和长石的混合釉。火山泥是以火山玻璃为主要成分的深灰色或黑色的无黏性泥，结合一定比例的陶土炼泥后，烧制出的壶物理特性稳定，吸附能力强，有一定的软化和净化水的作用，更是能呈现原始朴拙、自然粗犷的感觉。松木灰釉发色自然，表面光亮平整，与火山泥坯体相得益彰。

主泡茶：白鸡冠

白鸡冠是传统的武夷岩茶，也是四大名枞之一，原产于武夷山大王峰下止止庵道观白蛇洞，相传是宋代著名道教大师、止止庵住持白玉蟾发现并培育的。相比清朝才出现的大红袍和水金龟，它算是“老前辈”。

白玉蟾是道教南宗五祖之一，身世十分神秘。据史书零星记载，白玉蟾儿时即才华出众，诗词歌赋、琴棋书画样样精通。后来更是四处游历，从道教南宗祖师陈楠学法，得真传。相传曾专程前往临安（今浙江杭州），想将自己的爱国抱负上达帝听，可惜朝廷不予理睬。而大约同时，道教北宗全真派长春真人丘处机果断选择了向铁木真进言，虽然铁木真未采纳进言，但对丘处机尊崇有加，暴政有所收敛。白玉蟾一人之力不足以改变历史车轮的走向，然而从两人不同的机遇来看，已能够得知两个朝代的兴衰奥秘。

也许是受到了打击，白玉蟾放弃了救国热望，依然四处游历，很长一段时间住在武夷山止止庵。他对自己的书法和绘画是非常自负的，然而他又承认这些远不及他对茶的热爱。

白鸡冠茶树叶片白绿，边缘锯齿如鸡冠，又为白玉蟾培育，故得此名，是道教非常看重的养生茶之一。轻焙火后干茶色泽黄绿间褐，如蟾皮有霜，有淡淡的玉米清甜味。白鸡冠可以直接冲泡，泡几遍之后也可以再煮，气韵表现得更为明显。按照养生的观点，茶归属肾经，可以撒少量海盐在茶汤内，以不尝出咸味为准，以引导归经。

白鸡冠

茶性 白鸡冠茶汤淡黄，清澈纯净。闻之香气并不浓烈，可分外鲜活，如蛟龙翻腾，由海升空，翻转反复。茶汤甘甜鲜爽，和水仙类似，但是香气次第绽放，每泡之中皆有花香，持久不绝，余味无穷。叶底油润有光，乳白带绿，边缘有红。白鸡冠是岩茶中的一个奇迹，口感既甘甜又丰沛，饮后口腔中清气流转，心神隐隐升腾。

主泡器 灵芝钮侧把壶。

水温 一百摄氏度，不洗茶。

置茶量 约主泡器的三分之一。

时间 第一泡冲泡约三十五秒，之后酌情增加浸泡时间。转淡后可以挑出茶叶煮饮一次。

存茶 个人感觉不适宜陈放，但也有陈放二十几年且口感不错的。日常放于茶罐密封，常温避光，尽快饮用。

干茶

茶汤

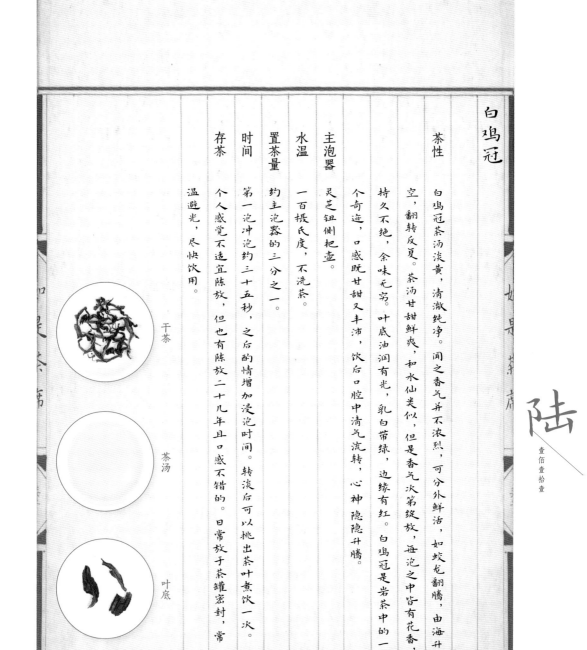

叶底

陆

花朝

飞花入梦

节日之意

花朝节简称花朝，俗称『花神节』『百花生日』『花神生日』等，是庆祝百花生日的节日。如今多以农历二月十五为正日子，但历史上花朝节的具体日期有着多种说法。《提要录》一书说：『唐以二月十五为花朝。』南宋吴自牧《梦粱录》中也说：『仲春十五日为花朝节，浙间风俗，以为春序正中、百花争放之时，最堪游赏。』而南宋诗人杨万里的《诚斋诗话》中则是『东京二月十二日曰花朝，为扑蝶会』。至于以二月初二为花朝节的记载亦见于《翰墨记》一书：『洛阳风俗，以二月二日为花朝节。士庶游玩，又为挑菜节。』清光绪《光山县志》又云：『二月二日，俗云「小花朝」，十五日云「大花朝」。』还有唐代以二月十五为花朝节，宋代则是二月十二的说法。民间也有南方二月十二、北方二月十五庆花朝的说法。

『花神』究竟是谁？有人说是魏夫人（晋代女道士魏华存）的女弟子女夷，传说她善于种花、养花，被后人尊为『花神』，并把花朝节附会成她的节日。中国历来还有『十二花神』一说，即不同的月份有不同的代表花，而每个月又分别有男花神和女花神。例如正月是梅花花神，女花神是寿阳公主，男花神是林和靖，总之，非常复杂。但不管花朝节具体是哪天，也不论花神到底是谁，花朝节都是要拜花神的，也有赏花、饮宴、郊游等活动，是中国古代非常重要的一个节日。

茶席主题

花朝节是百花生日，自然带有缤纷之意。茶席以静表动，主题是“飞花入梦”。我是不太赞成在茶席上直接撒花瓣的，因为花瓣含有汁液，容易污染席面，同时花瓣有一定厚度，会导致茶盏等器物不稳。那有没有办法来解决这个问题呢？有，不妨试试遮盖、隔离的办法。

为了呼应春日的气息，达到理想的艺术效果，我尝试使用硫酸纸。硫酸纸，听名字还挺吓人的，制作过程中也确实用到了硫酸。细微的植物纤维互相交织，在潮湿状态下进行游离打浆，不施胶，不加填料，再抄纸，然后用浓硫酸浸泡两三秒，经清水洗涤后以

甘油处理，干燥后纸面上便形成一种质地坚硬的薄膜。最重要的是，经过酸浸，硫酸纸微微透明，可以隐约看到纸面之下的东西。

为了呈现春日的缤纷，我选择了几种颜色的花，轻轻揉搓花瓣。如何体现“梦”呢？定是要若隐若现，有梦的朦胧——将花瓣放在微微透明的硫酸纸之下最合适不过了。品茗杯也必须配合主题，因此使用了玻璃花口盏，磨砂的感觉与“梦”非常一致，仿佛一个百花飞舞、落英缤纷的梦。

主器物：潮汕手拉红泥壶

这次茶席的茶用了广东的单丛，因而主泡器也相应选了广东的手拉壶。手拉壶是广东传统茶具，也叫“红泥壶”，两个名称表明了手拉壶的两个基本特点：一是以红泥为材料，二是手工拉坯而成。红泥最大的特点是氧化铁含量极高，质地细腻，含砂率较低，可塑性强。手拉壶通过旋转拉坯成型，而不是像宜兴紫砂壶那样通过拍打泥条成型，因而是所有泥壶中透气性最差的，因此用它来泡广东乌龙这类高香型茶反而更利于聚香。传统的潮汕工夫茶比较浓酽，选壶宜小不宜大，宜浅不宜深。这些都是根据凤凰单丛高香型的特点慢慢累积出来的经验。红泥、小品、矮壶，三者齐聚，能蕴味，能留香，不积蓄水，茶叶不易变涩，泡出来的茶汤自然就是更适合的。

手拉壶和紫砂壶有什么区别呢？手拉壶采用拉坯制作工艺，紫砂壶一般是打身筒，所以手拉壶没有接缝，内部可以看到拉坯旋转留下的螺纹，而紫砂壶则有接缝。手拉壶要在红泥中调配高岭土，因而类似于陶器和瓷器的混合，空气内外交换没有紫砂壶那么明显，更适宜泡追求香气的茶。还有一个比较外显的特点是，宜兴紫砂壶壶底所盖通常为一个制作者的名章或者品牌章，潮汕红泥壶壶底则盖“联名章”，一个印章中有两个人名，常见的有父子联名、兄弟联名，还有师徒联名的。

陆

主泡茶：凤凰八仙

一八九八年，凤凰镇乌岽山李仔坪，人们从单株母树“大乌叶”上选取插穗，用长枝无性繁殖法扦插成活，再分别栽种于不同自然地理条件的茶园里，植株长大后都保持了母树的优良性状，且香气各具特色。因为初期选育的茶种只有八棵，其各自特异的香气犹如“八仙过海，各显神通”，遂得名凤凰“八仙”。另外，福建诏安县汀洋村也产八仙茶，品质也很不错，估计其得名于八仙山。

葵花样式盏托

凤凰八仙确实值得“望文生义”。此茶外形俊秀，柔美挺拔，风姿如吕洞宾；干茶色泽深重，如看遍世情的铁拐李；耐高温冲泡，水温高茶香更胜，大肚能容如汉钟离；香气多变，第一泡有花香，第二泡变为果香，水蜜桃、莲雾、梨子等近似香气次第升起，缤纷香气犹如蓝采和的花篮；茶汤清苦，苦而能化，也耐冲泡，老而弥坚如张果老；香气雅正，广雅如曹国舅；叶底柔润有光，暗香不时涌起，素雅温婉如何仙姑；喝完之后，神思回味，余韵不绝如韩湘子。如此缤纷的茶，在花朝节品饮，真的很适宜啊。

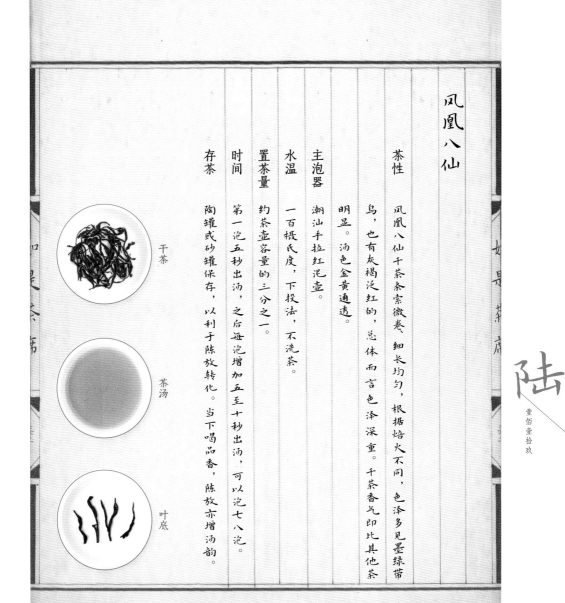

凤凰八仙

茶性　凤凰八仙干茶条索微卷、细长均匀，根据焙火不同，色泽多见墨绿带乌，也有灰褐泛红的，总体而言色泽深重。干茶香气即比其他茶明显。汤色金黄通透。

主泡器　潮汕手拉红泥壶。

水温　一百摄氏度，下投法，不洗茶。

置茶量　约茶壶容量的三分之一。

时间　第一泡五秒出汤，之后每泡增加五至十秒出汤，可以泡七八泡。

存茶　陶罐或砂罐保存，以利于陈放转化。当下喝品香，陈放亦增汤韵。

干茶

茶汤

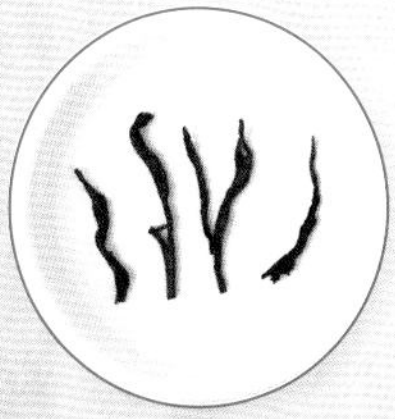
叶底

清明

陌上花开

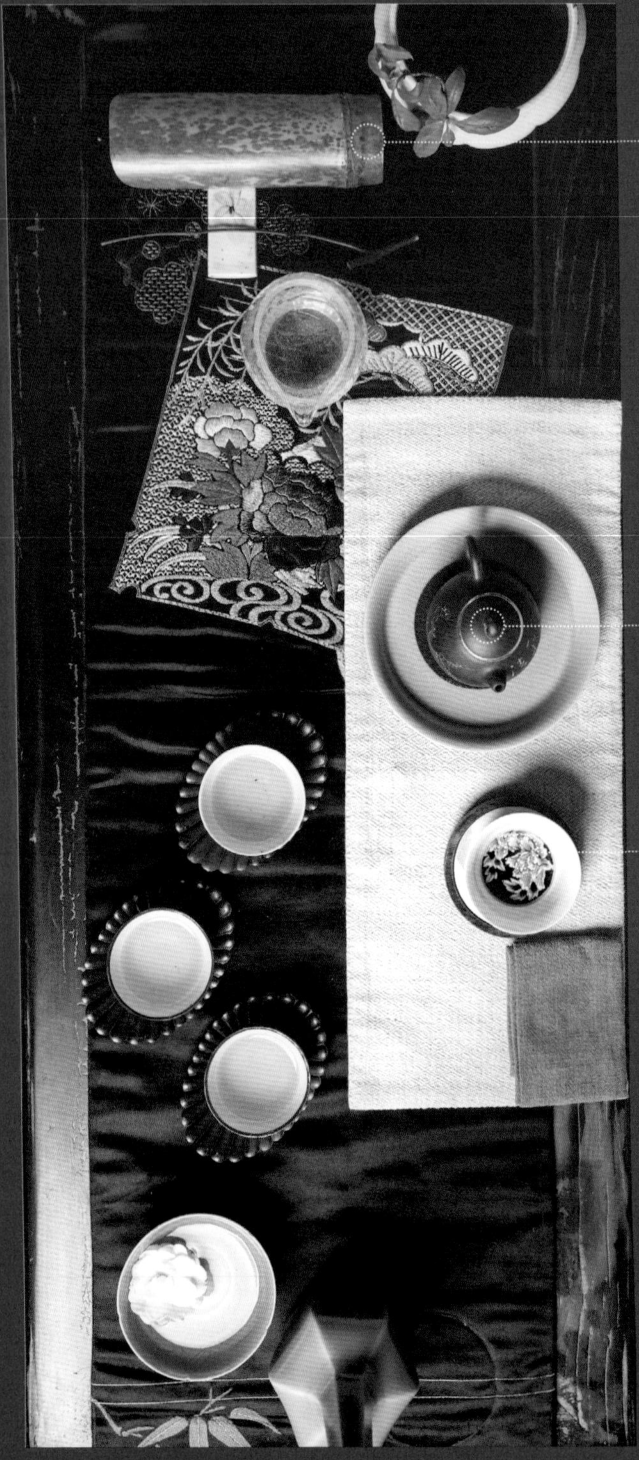
斑竹茶则
厂货老紫砂壶
青花内绘牡丹纹马蹄盏

陆

节日之意

清明，仅听名字就知道是一个非常美好的节气。《月令七十二候集解》里说：『清明，三月节。按《国语》曰，时有八风。历独指清明风为三月节。此风属巽故也。万物齐乎巽，物至此时皆以洁齐而清明矣。』天地万物到了清明节气，都洁齐而清明，令人兴奋的通透，让人生了出游的欲望。因为日期相近，清明节最终与上巳节、寒食节相融，明清之后，上巳节、寒食节基本衰亡，只剩清明节保留了三节的内容而独自流传。

上古时代，以农历三月上旬巳日为『上巳』，魏晋以后改为农历三月三日，相传是为了纪念华夏共祖之一的黄帝，这一天是他的生日。上巳节虽然是个纪念日，但对民众来说却是个欢乐的日子。孔子曾经借由对曾点的赞许来表达自己的生活情致。当时子路、冉有、公西华先后谈了自己的志趣，孔子接着问曾点，曾点回答说：『莫春者，春服既成，冠者五六人，童子六七人，浴乎沂，风乎舞雩，咏而归。』意思是：暮春三月，穿上春衣，约上五六个成人、六七个小孩，在沂水里洗澡，在舞雩台上吹吹风，一路唱着歌回家。那就是很好的生活了呀。孔子听后，赞叹一声说：『我赞同曾点的主张呀！』

这段文字，正是描述了上巳节的相关场景，是一幅画面感很强的春日郊游图，呈现出生命的充实和欢乐——阳光下，春风里，人们沐浴、唱歌、远眺，无忧无虑，身心自由。上巳节沐浴在《周礼》中就有记载：『女巫掌岁时祓除、衅浴。』意思是：女巫职掌每年祓除仪式，为人们衅浴除灾。东汉儒家学者郑云为《周礼》所注说：『岁时祓除，如今三月上巳如水上之类。衅浴，谓以香熏草药沐浴。』清明期间，天地都清洁明亮了，人们因此必须自净其身，方能内外清净。

茶席主题

这次茶席的主题是“陌上花开”。“陌上”是个在古代诗歌里出现频率不算高，但是只要出现就必然美好的词汇。陌上，就是“田间”，有时代指不在城市中心。古代的田间小路，南北方向的叫作“阡”，东西走向的叫作“陌”。中国人心中的桃花源都是远离喧嚣的，“陌上”自然也是这样的一个地方。恬静又美好，比如“陌上花开蝴蝶飞”“陌上柔桑破嫩芽”等。

钱镠大概是个英气逼人的男子，因为他是吴越的开国君主；而他大概又是一个谦和的男子，因为据说他尊崇佛教，甚至推广传印了《大悲心陀罗尼经》。可以肯定的是，他是一

个深情款款的男子，因为他说："陌上花开，可缓缓归矣。"这句话是对他的王妃说的。钱镠的原配夫人吴氏，相传是横溪郎碧农家之女，半生随钱镠东征西战。吴越建国后，吴氏思乡情切，每年都要归乡省亲。钱镠也是一个性情中人，最是挂念这个结发之妻。吴氏回家住得久了，便要带信给她，或是思念，或是问候，其中也有催促之意。又一年，吴妃归家。钱镠在杭州料理政事，一日走出宫门，却见凤凰山脚、西湖堤岸已是桃红柳绿、万紫千红，想到与吴氏已是多日不见，不免生出几分思念。回到宫中，便提笔写上一封书信，虽寥寥数语，但却情真意切，细腻入微，其中就有这么一句。吴氏读后，珠泪双流，即刻动身返回杭州。

"陌上花开，可缓缓归矣"这九个字，质朴平实，然而情愫之重令人几难承受。故而我所选的茶是普洱茶中的昔归茶。"昔归"，忆往昔，盼归人，杜鹃啼血，原为情故。

为了承载这个主题，为了呼应清明这个时节，茶席要表现"花开"的状态；"陌上"难以用实相表现，可以用暗色系来代表大地的承载之感，色彩上也能起到对比的作用。盏托因可以起到席与器的过渡，故而色调也偏于古旧。主泡器选了一把二十世纪八十年代紫砂一厂的厂货老紫砂壶，没有那么多装饰，但因为是重油烧制的，内蕴很强，外面刻绘有花卉纹样。

主器物：西阵织

此次茶席，席布是一块黑色繁花纹的西阵织。西阵织是源自日本京都的传统织布技术。日本的传统手工艺大多以生产集聚地来命名，例如，“九谷烧”是产自日本九谷的瓷器，“会津涂”是发祥于会津盆地的漆器，等等。西阵是应仁之乱时西军主要驻扎的地区，目前京都市内并无以此为名的正式行政区。

传统的西阵织以华丽昂贵、工艺精湛著称，起源应该是日本古代派往中国的遣隋使、遣唐使所带回的纹样与技术，后来通过模仿中国唐锦、唐绫的工艺而逐步发展并成熟。织造的原料为蚕丝，基本的制作步骤是：在纸上描绘纹样，填涂颜色，样式确定后，按照所需颜色将丝线染色，然后使用手工织机，织到一定纹样的时候进行缀锦，即手工把不同颜色和长度的丝线一根一根地接起来——按照图案一步一步穿插对接经纬线，直至整块布料制作完成。

这次所用的繁花纹西阵织是真绢黑色底子，因为有光泽，所以并不显得暗淡。约三米长的布上，隔段集中立体织造有红色的牡丹、粉色的梅花、银色的兰花等图案，又间有手绘的梅枝等，这些时令元素为茶席添色不少。

主泡茶：昔归

此次泡的是生普中的昔归茶。昔归是个村子，村名取自傣语发音，因而历史上也曾写为“锡规”。“锡”是“搓”的意思，“规”是“麻绳”的意思，因为锡规村人历史上擅长搓制麻绳。这个村子位于澜沧江西岸的一段山坡地上，也种植茶树，在清末开始有茶名，后来名字改成了“昔归”。音虽然不变，感觉却完全变了。

昔归茶汤

西阵织

秘色刻花碗

陆

我比较倾向感知联想文字的情感色彩，也易于陷入这样的思绪里。我第一次见“昔归”这两个字便着魔了。往昔如归，虽然明知过去已过去，未来还未来，然而如果昔日的美好回到最初的本相，那是多么令人欣慰的事！而“昔归”这个名字非常契合此次茶席的主题。

现今的昔归，属于临沧茶区。临沧茶区下面又有三个知名的产茶地——邦东、永德和勐库。永德有著名的忙肺和梅子箐古茶园，勐库有著名的冰岛茶和双江大雪山茶，而邦东有昔归和忙麓山。目前昔归的古茶树，树龄普遍在二百年左右，生长海拔并不高，大部分海拔在五百至七百米。不是所谓的千年古树，又不是高海拔产区，然而千万不要小看昔归茶。昔归茶产量不大，只采春秋两季，但茶树生命力很强，茶性甚佳。正宗的昔归茶，香气高扬，韵如兰花，汤色皎然，如月华泻地。茶汤近似班章，口感一般，没那么霸气，可是苦底明显，回味持久；水路格外细腻，涩感微而不显。

昔归茶给人印象最深的是香气。好的昔归茶，香先于水，品饮前有，品饮中有，品饮后仍有。尤其是杯底香，连绵不绝，如同掺了百花之味又用龙涎香定了的鹅蛋香粉，但又不是脂粉的浮泛之气，而是龙涎香那种磅礴却又轻雾纱笼的香气。茶气看似不猛烈，却能在口腔两侧往来纵横，回甘绵密。昔归茶茶气强烈而汤感柔顺，茶气强烈而留香持久，汤感柔顺故水路细腻，这种神奇的平衡统一，在普洱茶中是难得一见的。

一泡昔归，忆往昔，盼良人，把盼归的苦，幻化成缕缕香气，氤氲出一幅心绪难平、深情如水的品饮画卷。

昔归

茶性 昔归茶干茶微有草叶香，色泽墨绿。冲泡后，茶汤香气高扬，韵如兰花，汤色皎然，通透纯净。茶汤入口活泼，苦底明显，回味持久。水路格外细腻，涩感微而不显。

主泡器 厂货老紫砂壶。

水温 九十五摄氏度左右。

置茶量 约主泡器容量的四分之一。

时间 第一泡浸泡十至十五秒，如果是散茶，浸泡一至三秒即可出汤。后续酌情增加浸泡时间。

存茶 避光、常温、维持一定湿度（百分之四十至百分之八十相对湿度），无异味且通风的环境。

干茶

茶汤

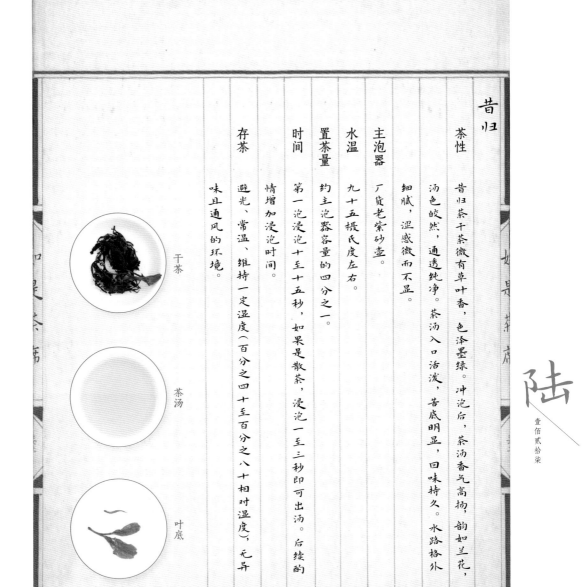

叶底

端午

节日之意

端午，也叫『端五』『端阳』。『端』在汉语中有开头、初始的意思，称『端五』也就如称『初五』。晋代周处《风土记》里云：『仲夏端午。端，初也。』『午』是指午月。中国古人有所谓『月建』的观念，就是把十二地支与十二个月份相配，以通常冬至所在的农历十一月配子，叫建子之月，以此类推，端午所在的农历五月应为建午之月，正是『午月』，而午时又为『阳辰』，所以端午也叫『端阳』。

端午如今和纪念屈原联系在一起，其实关于端午起源的说法还有很多，比如纪念伍子胥或者曹娥等。根据闻一多先生考证，端午真正的起源是中国古代南方吴越地区举行图腾祭的节日，比纪念屈原更早。而这正体现了中国节日的深刻意义，它会逐渐与天地、人文联系起来，流变中蕴含了中国人的智慧。

千年以来，端午节在中国成为重要的全国性节日，内容也越来越丰富。当然，由于地域广大、民族众多，中国各地过端午有着不尽相同的习俗，比如：挂钟馗像，『迎鬼船』『躲午』，贴『午叶符』，悬挂菖蒲、艾草，佩香囊，赛龙舟，荡秋千，饮雄黄酒、菖蒲酒，吃五毒饼、咸鸭蛋、粽子等，还要给小孩子涂雄黄酒。这些风俗深深地影响了邻近诸国。

诸多风俗里，吃粽子、赛龙舟、悬挂艾草和制作香囊算是影响最广泛的。据乾隆十八年《节次照常膳底档》记载，五月初一日至初五日，乾隆皇帝的膳桌上一共摆了一千三百三十二个粽子，堆起来像小山一样。皇后桌子上也要摆上四百个粽子，其余人等如皇太后、妃嫔等，她们的桌子上一共摆了六百五十个粽子。这样算下来，端午当天清朝皇宫中单是摆上桌的粽子，就足有两千多个。吃粽子前，一般还要进行一些小游戏，『亲教宫娥群角黍，金盘射得许先尝』，即把许多粽子放在一个大盘子里，让人们站在一定的范围内，用小角弓射，射中哪只就先吃哪只。用膳时，皇帝要喝菖蒲酒，赏众人喝雄黄酒，皇帝使用的是带有『艾叶灵符』纹饰的餐具。膳后用的茶果，是桑葚、樱桃等时令鲜果。不仅如此，皇族的节日穿着也很讲究。端午当天，乾隆朝冠上戴艾草尖，身穿蓝棉纱袍、红青棉纱绣二色金龙褂。另据《清稗类钞》载：『宫眷所蹑之履，则如小儿之虎头鞋，且簪绸制之小虎于冠，孝钦所命也。』人们认为虎食五毒，可以驱邪避灾，带来平安吉祥，因此皇后、皇太后及宫中女眷头上皆佩戴五毒簪、艾草簪，或绸布制的老虎簪、老虎形装饰等。

这次茶席的主题为“清平乐”。清平乐（音悦），原为唐教坊曲名，取用汉乐府“清乐”“平乐”这两个乐调而命名，后用作词牌。诗词中的“词”其实是用来唱的，和现在歌曲不同的是，同一个词牌有固定的曲调，也就是说曲调相同而歌词不同。“清平乐”这个词牌在宋词之中的使用频率是很高的，据统计，宋词有一千多个词牌，而其中使用频率可以排到前十的有浣溪沙、水调歌头、鹧鸪天、临江仙、念奴娇、菩萨蛮、西江月、满江红、点绛唇和清平乐。词牌名只表明曲调和平仄要求，词的具体含义要通过词牌后的词名来表示，对词牌不能望文生义，也就是说，词的主题、风格不一定和词牌名有联系。举例来说，“贺新郎”这个词牌给人的感觉是恭贺喜宴，气氛欢乐，但从实际作品来看，择用这个词牌的词大多感伤悲愤。不过，使用“清平乐”这个词牌的作品，很多都是平静欢欣的，适合端午这个日子。其中非常有名的一首作品——辛弃疾的《清平乐·村居》：“茅檐低小，溪上青青草。醉里吴音相媚好，白发谁家翁媪？大儿锄豆溪东，中儿正织鸡笼。最喜小儿无赖，溪头卧剥莲蓬。”更是描绘了一种安宁平静、令人向往的夏日农村生活景象。

很多时候，人的心中所想难以完全被别人明了，此时不妨给自己一点空间，享受孤独。所以端午我决定自己好好喝点茶，摆了个一人茶席，那就用抹茶吧，在茶香中与自己对话。

主器物：仿湖田窑水注

抹茶起源于中国，宋代时形成了成熟的仪轨典范。因为使用的是粉碎的茶叶末，故而称之为“末茶”，而当时表达泡茶手法的用词是“点茶”，也就是使用水注冲点末茶。这个喝茶方式传到日本，被日本人接受并且固化下来，成为日本今日的抹茶道。而中国的茶道进一步发展演变，出现了更适宜人们品饮的瀹泡法，日本人则传承了中国宋代的点茶法。

为了向中国茶事先人们致敬，我选用了建阳白茶，微微烘烤后打粉。建阳是宋朝贡茶茶园所在地。宋代的抹茶制作流程是：先蒸青紧压茶饼，干燥后再烘烤表面，之后再擦碾，以石磨转磨成粉。主要的泡茶器是仿湖田窑水注以及一个宋代的建盏。

湖田窑是景德镇著名的古窑场，是我国宋元两代制瓷规模最大、延续烧造时间最长、生产瓷器极为精美的古代窑场。湖田窑的特色是青白釉，刻花、划花、模印花纹的凹痕宽度、深度不同，釉层堆积厚度和块面大小多有变化，釉色由淡淡青白色向天青、湖绿渐次演变。纯净明澈并富于色调变化的影青釉，大大强化了纹饰的艺术效果，也展示出了宋人高雅的艺术审美。这把水注的原型是宋代的瓜棱执壶，配有莲花温碗，秀气稳重，颇有宋代文人意趣。黑釉建盏十分适宜抹茶，能衬出茶汤沫饽颜色，同时保温性能好，有柔和茶汤口感的功效。这只建盏从宋代“活”到今天，釉面依然莹润，一些小缺口用金缮修复，更有古意。

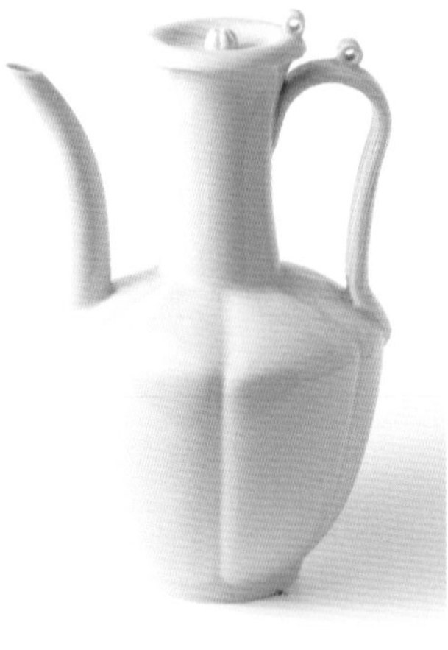

仿湖田窑水注

主泡茶：建阳白茶茶粉

建阳白茶，干茶如雪覆绿叶，茶汤淡雅高妙，叶底嫩匀明亮、清新自然。白茶的生产工艺主要有两个：一是采摘多毫的幼嫩芽叶，必须是白茶种，鲜叶要求达到“三白”，即嫩芽和两片嫩叶满覆白色茸毛；二是加工时不炒不揉，晾晒烘干，即将鲜叶采下后，使其长时间自然萎凋和阴干。白茶的外形、香气和滋味都是非常好的，而且性质偏寒凉，能降暑除热。

和市面上更为流行的福鼎白茶不同，建阳白茶属于南路白茶。南路白茶主要是指政和及建阳产区的白茶，北路白茶是指福鼎白茶。南路白茶主要品种是政和大白、建阳小白，北路白茶主要品种是福鼎大白和福鼎大毫。南路白茶和北路白茶具有不同的口感：北路白茶因为香气、滋味都比较明显，更容易被大众接受；南路白茶滋味平易中蕴含爆发力，甜感细腻不张扬，倒反而更适合打抹茶。

宋代点茶和日本抹茶的技法有很多不同。比如宋代点茶是沸水冲点，并且有研膏的过程，之后两次加水调打；而日本抹茶基本是低温冲点，水温五六十度，一般一次加够水，使用茶筅转动出沫。我点茶遵从宋代手法，使用高温水，茶的香气和特点释放得更加充分，比较容易让人记住。

白茶茶粉

建阳白茶茶粉

茶性　白茶茶粉颜色近似乳黄，粉末细腻，以石磨磨出来的最好，茶粉呈鳞翅状，而不是微小颗粒，更容易堆砌沫饽。

主泡器　南宋乌金釉建盏。

水温　九十摄氏度左右。

置茶量　两茶勺。

时间　三次置水，先调膏后击拂，直至沫饽较为厚重、凝而不散即可。

存茶　避光，常温，最好在相对湿度小于百分之十的环境中储存。

末茶

茶汤

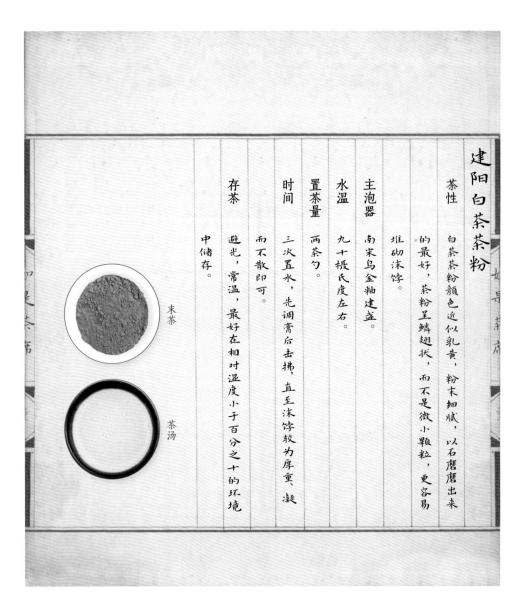

仿宋代点茶法

一、备水

二、备具

三、温器

四、置茶

五、调膏

六、注水

七、击拂

八、观沫

九、品饮

七夕 秋夕

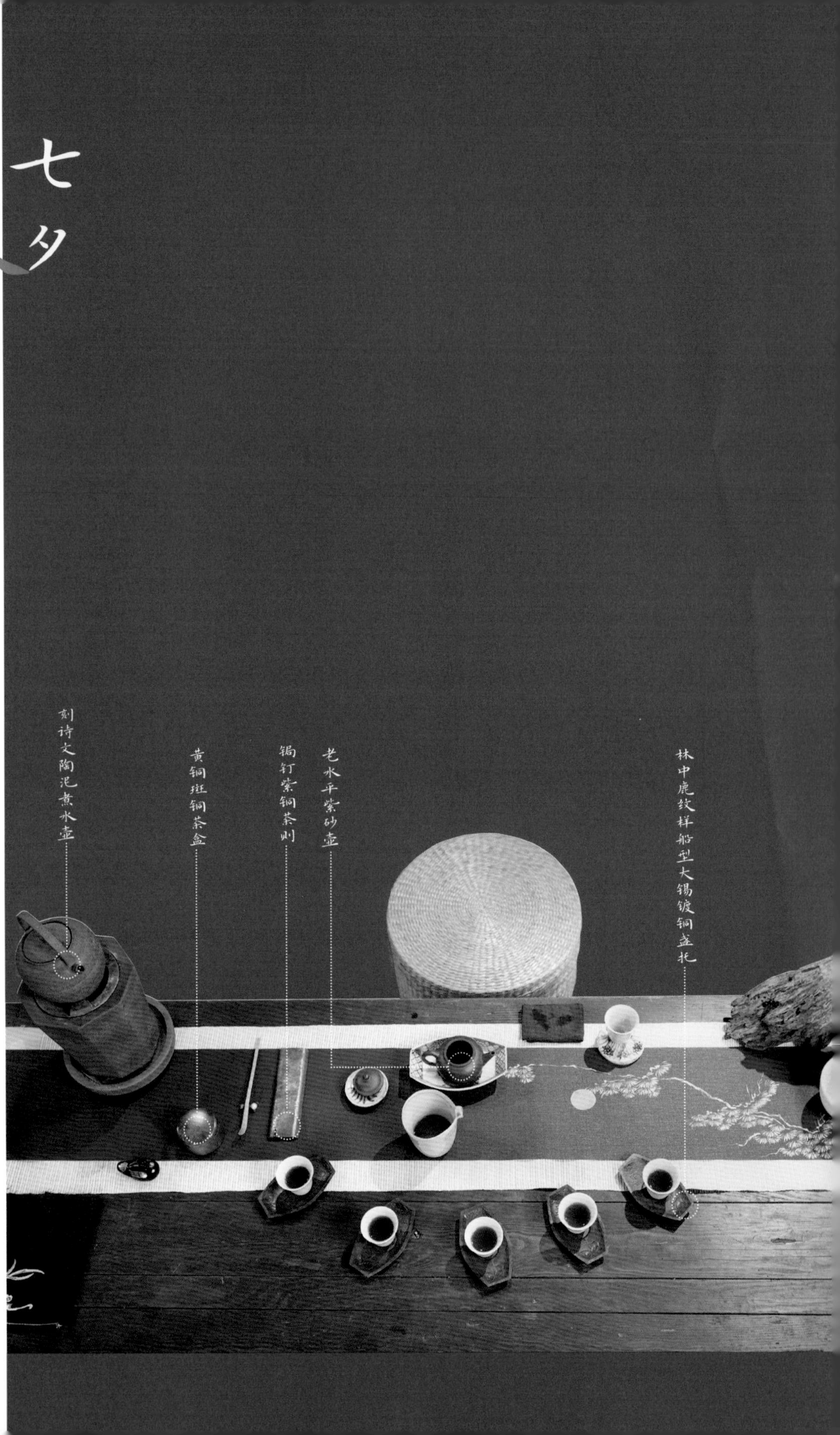

刻诗文陶泥煮水壶
黄铜斑铜茶盒
锔钉紫铜茶则
老水平紫砂壶
林中鹿纹样船型大锡镀铜盏托

节日之意

七夕的起源很早，而牛郎织女的传说则更为久远。在夏秋的碧霄中，繁星闪耀，一道白茫茫的银河横贯南北。银河东西两岸各有一颗闪亮的星星，隔河相望，遥遥相对，它们就是牵牛星和织女星。《诗经》有云：『维天有汉，监亦有光。跂彼织女，终日七襄，虽则七襄，不成报章。睆彼牵牛，不以服箱。』这首诗把天象和比拟的人间事物联系到了一起。到了《古诗十九首·迢迢牵牛星》，则是：『迢迢牵牛星，皎皎河汉女。纤纤擢素手，札札弄机杼。终日不成章，泣涕零如雨。河汉清且浅，相去复几许。盈盈一水间，脉脉不得语。』至此，牵牛星和织女星为一对夫妻的想象已家喻户晓。之后的民间传说更进一步将其演化成牛郎和织女。而七夕节的祭拜，与其说是求神，不如说是人们对自己的希冀：男子希望像牛郎那样果敢忠诚，女子希望织女能赋予她们聪慧的心灵和灵巧的双手，让自己的针织女红技法更为娴熟，更乞求姻缘巧配，得遇一生良人。

七夕节是偏女性色彩的节日，故而也称为『女儿节』或『乞巧节』。具体怎么乞巧？《西京杂记》说：『汉彩女常以七月七日穿七孔针于开襟楼，俱以习之。』五代王仁裕《开元天宝遗事》说：『宫中以锦结成楼殿，高百尺，上可以胜数十人，陈以瓜果、酒炙，设坐具，以祀牛、女二星，嫔妃各以九孔针、五色线向月穿之，过者为得巧之候。动清商之曲，宴乐达旦。士民之家皆效之。』另外还有个做法也很有意思，就是把命运交给蜘蛛——蛛丝卜巧。《开元天宝遗事》中记载：『七月七日……各捉蜘蛛于小盒中，至晓开；视蛛网稀密以为得巧之候。密者言巧多，稀者言巧少。民间亦效之。』

茶席主题

这次茶席的主题是“秋夕”。想要凝练地表达秋天、七夕，需要借助一些符号性的视觉元素。我希望用席布来表达夜空的概念，因此选用了色调偏深的蓝色席布。牛郎织女一年一次在鹊桥上相会，能否让他们经常联系，以慰思念呢？于是我想到了“贯月槎”。

贯月槎，语出东晋王嘉《拾遗记》：“尧登位三十年，有巨查浮于西海，查上有光，夜明昼灭，海人望其光，乍大乍小，若星月之出入矣。查常浮绕四海，十二年一周天，周而复始，名日贯月查，亦谓挂星查。羽人栖息其上，群仙含露以漱，日月之光则如暝矣。虞夏之季，不复记其出没，游海之人，犹传其神伟也。”查，木筏。与“槎”义近。

用如今的说法，贯月槎是个宇宙飞船，可以在星际遨游。历史上很多志异故事中，槎和牵牛星有关。西晋张华《博物志》记载了另一个故事：有个人误上了一艘槎，大约一个月后到了一个地方，好像是座城市，城内一排排房子，十分整齐。那些人家里有很多织布的女子，还有一个男子在水边饮牛。男子发现了他，大吃一惊，问他：“何由至此？”此人赶紧说明情况，同时询问此为何地。男子告诉他：“你们蜀地有个叫严君平的，你问问他就知道了。”于是，此人乘槎原路返回，没有停留。回去之后，到了蜀地，问严君平，严君平说：“某年某月某日，有客星侵犯牵牛星。”此人一看日期，果然是自己到天河的时间。

惦念着这些美好的传说，我便选了一只茶船作为壶承，主泡器用了一把老的水平壶，取四平八稳、遨游星空之意。品茗杯摆成弧形，以表鹊桥。

主器物：青花瓷器茶船

茶船是承载茶器的，早期应该是船型。清代寂园叟《陶雅》中提道："盏托，谓之茶船，明制如船，康雍小酒盏则托作圆形而不空其中。宋窑则空中矣。略如今制而颇朴拙也。"这说明，明代的茶船就是船型。茶席上的这款茶船，是清代康熙民窑青花瓷器。康熙朝的青花烧造都比较大气，气韵感觉超过乾隆朝。而茶船这个形制在清代康熙、雍正朝很流行。

该器胎壁薄而轻，胎质细致洁白，胎釉结合紧密。通体施加白釉，釉面均匀细腻且莹润，宝色内蕴。青花色调青翠淡雅，略有晕散。整器四壁有绘画纹饰，底部纯白。器身内外壁面分别绘有网格纹、花卉等，绘画工艺质朴流畅，符合民窑特点。器底为长方形素胎，修胎较为规整，局部可见淡淡的火石红斑点，内凹处均施釉。

清代康熙民窑青花瓷器茶船

主泡茶：玉麒麟

主泡茶是一款武夷岩茶的小品种茶玉麒麟。《武夷岩茶国家标准2006版（GB/T18745-2006）》中明确指出："武夷岩茶是指在……独特的武夷山自然生态环境条件下选用适宜的茶树品种进行繁育和栽培，并用独特的传统加工工艺制作而成，具有岩韵（岩骨花香）品质特征的乌龙茶。"此标准更早的版本，曾经把岩茶产区分为名岩产区和丹岩产区。名岩就是武夷山风景区内七十平方千米的范围。传统上，丹岩另有约定俗成的小产地之分。

武夷岩茶的小产地分类包括：正岩、半岩、洲地和外山。正岩地区又分为名岩区和正岩区两个部分。名岩区指武夷山三坑两涧地区，即慧苑坑、牛栏坑、大坑口，两涧指流香涧和悟源涧，也有说慧苑坑、牛栏坑、倒水坑、流香涧和悟源涧的，我个人认为倒水坑就是流香涧。而正岩区指除了三坑两涧外其余的山峰与山岩，比如大王峰、玉女峰、天游峰、莲花峰等产岩茶的地方。所谓正岩，主要是代指好的产地环境，其岩谷陡崖，遮阴条件好，谷底渗水细流，夏季日照短，冬季挡冷风，早晚温差较小。正岩茶园土壤通透性能好，富含钾、锰等元素，且酸度适中，茶品岩韵明显。正岩区主产地有天心岩、马头岩、牛栏坑、慧苑、竹窠、碧石岩、燕子窠、九龙窠、御茶园、玉花洞、水帘洞、佛国岩、桃花洞、桂林村和三仰峰等。

半岩指除了正岩以外的区域，即核心景区之外，诸如星村、高苏坂村等武夷山境内的区域。洲茶则是公路两边、溪流两岸的平地所产的茶。外山茶就是指武夷山产区之外的乌龙茶。从品种上来说，按照国家标准的产品分类，武夷岩茶产品分为大红袍、名枞、肉桂、水仙、奇种等。

玉麒麟是武夷传统八百名枞中的一种。原产武夷山九龙窠，因茶树形状仿佛麒麟而命名。玉麒麟给人印象最深的是“香”，茶汤里有果香，叶底上有淡淡的乳香。而那种种香，混在一起沉实持久，甚至带有一丝丝刚烈之气，如蜜桃、如雪梨、如合欢花，最终化为一缕回味悠长的优雅。

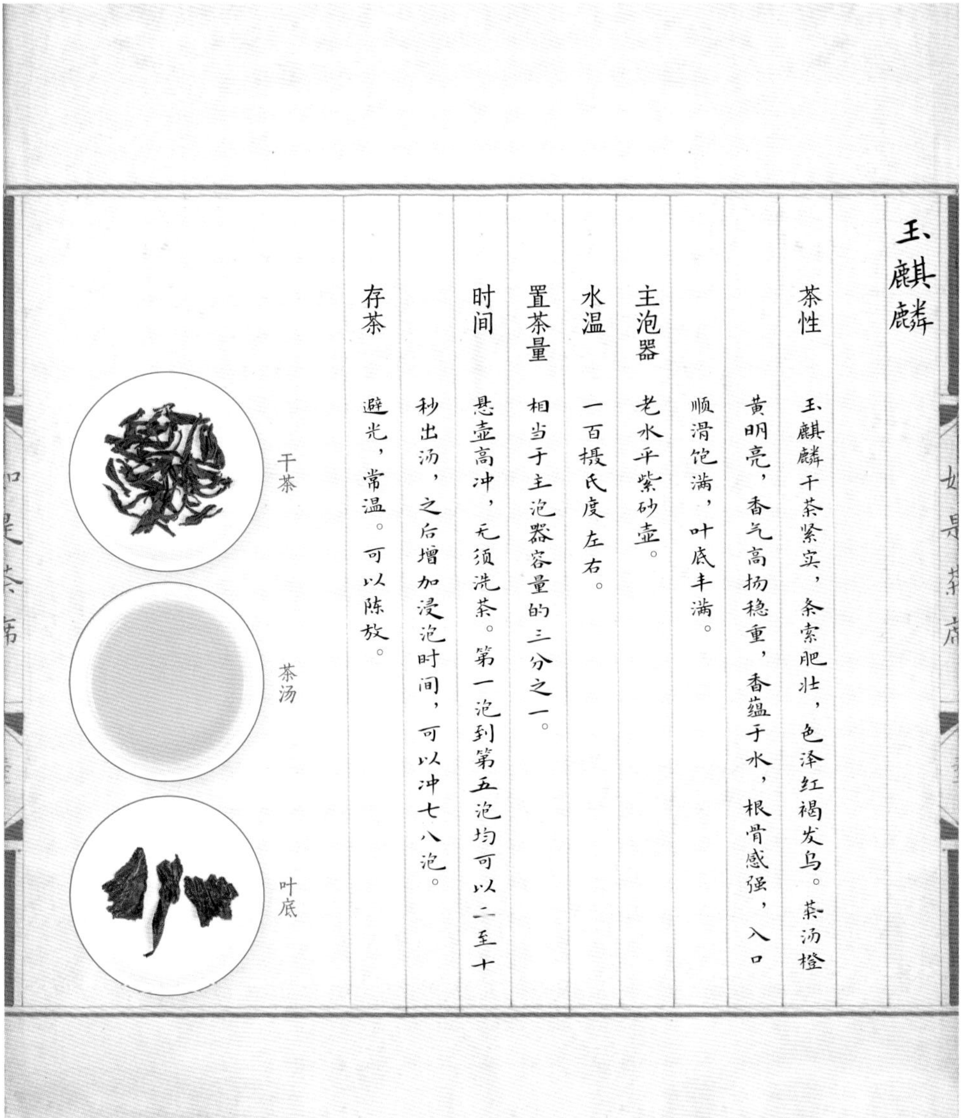

玉麒麟
茶性
玉麒麟干茶紧实，条索肥壮，色泽红褐发乌。茶汤橙黄明亮，香气高扬稳重，香蕴于水，根骨感强，入口顺滑饱满，叶底丰满。
主泡器
老水平紫砂壶。
水温
一百摄氏度左右。
置茶量
相当于主泡器容量的三分之一。
时间
悬壶高冲，无须洗茶。第一泡到第五泡均可以二至十秒出汤，之后增加浸泡时间，可以冲七八泡。
存茶
避光，常温。可以陈放。
干茶
茶汤
叶底

素直

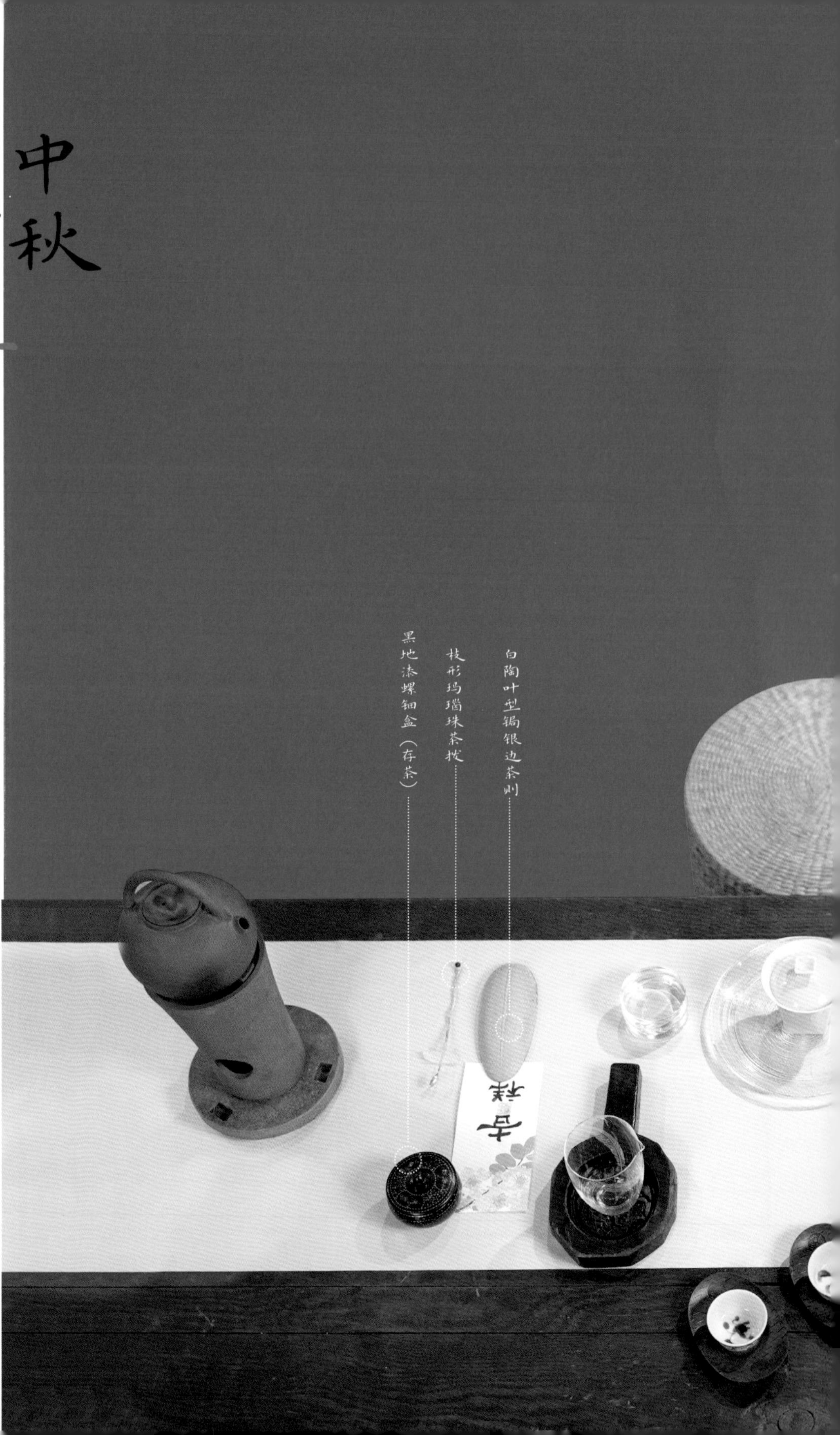
中秋
白陶叶型锔银边茶则
枝形玛瑙珠茶拨
黑地漆螺钿盒（存茶）

节日之意

中秋节与春节、清明节、端午节并称为中国四大传统节日。一说到中秋，往往和『拜月』联系在一起，再早则是『祭月』，表明了这一节日和月亮崇拜有关。

中秋节到底起源于何时尚不确定，但至唐代它就已经是一个全国性节日了。特别是唐明皇登三乡驿，望女儿山而作《霓裳羽衣曲》的传说，以及最擅长此曲的杨贵妃去世以后被附会为蓬莱仙子，这些传说等因素都在某种程度上又推动了中秋节的流行。

唐明皇和杨贵妃的爱情最吸引人的是它最终成为一个悲剧。秋季是一个容易令人悲伤的季节，秋季天气转向寒冷，非常容易影响人的情绪，即所谓『伤春悲秋』。五行『金、木、水、火、土』中的『金』对应秋季。而人体五脏中的『肺』也属金，人有七情六欲，七情中的『悲』也属金。秋天人体内的『燥气』在上升，燥邪最容易伤害的是肺和胃，人就非常容易产生悲凉的情绪。

这个『悲』怎么化解？宣泄释放是总的思路。古代常于秋季征兵，通过练兵、打仗把男人们的悲转化出去也是一个因素。但常人常忘该如何疏解愁绪呢？中秋这个节日，人们登高、出游、吃月饼，各种活动，在互访、团圆中整个人群的『悲』得以疏解。中秋还要拜月，月亮在这个时节成为『阴』的象征，以阴克燥，转而缓解悲凉、悲愤的情绪。明清两朝的赏月活动，要求『其祭果饼必圆』，而且各家都要设『月光位』，在月出方向『向月供而拜』。明代陆启浤写过一本《北京岁华记》，原本已经遗失，后来在上海发现了手抄本。这个手抄本里描述了北京的中秋节：『中秋夜，人家各置月宫符象，符上兔如人立；陈瓜果于庭，饼面绘月宫蟾兔；男女肃拜烧香，旦而焚之。』同为明代作品的《帝京景物略》中也云：『八月十五日祭月，其祭果饼必圆，分瓜必牙错瓣刻之，如莲华……女归宁，是日必返其夫家，曰团圆节也。』

一提到中秋，『蟾兔』这个词是经常出现的。蟾兔是两种动物，蟾蜍和兔子。蟾蜍临水而居，是阴性的代表；而兔有个引申义，就是『冤』。《说文解字》解释说：『冤，屈也。从兔从冂。兔在冂下不得走，益屈折也。』意为兔子在网罗栅栏之下，不能逃脱，只有屈从，不能舒展。所以『蟾兔』象征的依然是悲屈通过阴润来纾解，充满了悲天悯人、自我救赎的意味。

这次茶席的主题是“素直”。“素直”是日语中使用汉字组成的词汇，通常表示一个人柔顺淳朴、坦白纯真、心地诚实。日本人常说“素直的心”，表达不受束缚，很容易就可以适应新环境，持着这种心态的人，不会用偏见或成见来看待事物。

前面我们说过，一提到中秋，就常常要提到蟾、兔。其实在人生的中年之秋里，我更感恩牛、狗、猴。相传女娲造人时，只给了人类三十年的生命，为了众生平等，可以陪伴人类的动物也都有三十年的寿命。可是牛先站出来了，说道：“我要天天耕田犁地，泥里来水里去，还要给人骑，三十年太长了，十五年就够了。”女娲想想，既然牛自己不愿意，那就让它只活十五年吧，可是这多出来的十五年怎么办呢？这时候人站出来说：“我不嫌寿命长，给我吧。”于是人就可以活四十五年了。接下来狗和猴也有意见，一个说：“我要天天看门，夜里也不能睡觉，还要吃剩菜剩饭，我也不要活那么长，也活个十五年好了。”另一个说：“我和人类外形类似，却要露宿山林，既怕野兽，还要防范猎人，只能吃野果充饥，也太苦了，我也要少活十五年。”女娲没办法，只好也将它们的寿命给了人，于是人就可以活到七十五岁了。

按照传说中的逻辑，我早已活过人的寿命，现在是活在牛、狗、猴的岁月里。佛说人生皆苦，孔圣曰四十不惑。我已经过了不惑之年，感受到人生各种的苦——上要孝亲，下要养子，自己还要活得开心舒适，中年的压力实实在在摆在眼前。我心里很是感恩牛、狗、猴，让我能够活着，在不惑之年开始反思今后的岁月如何“不惑”。

“不惑”有两种解释：一是说不疑惑，二是说不改变。四十岁之后，各种压力、杂念纷至沓来，何来不疑惑？以前引以为傲的学识，在高速发展的时代面前已经不值得一提，需要调整，怎么能不改变？不惑，不是不惑，而是

押花元宝形铜盏托
青花草木纹马蹄盏

知道该来的总要来，不如做好坦然面对的准备，不再徘徊犹疑。中年危机是注定要来的，那么就像牛那般勤勤恳恳经营自己的生活，像狗那样机敏忠诚地看顾自己的内心，像猴子那般不断向高处攀登摘取更为甜美的野果吧，因为这余下的生命，本来就活在它们的时光里。这样的“不惑”不就是一颗“素直的心”吗？

中秋茶席，我选用了一个玻璃圆盘作为壶承，以应和中秋之圆月。玻璃晶莹剔透，如一掬盈盈之水，上面摆一只日本黄釉盖碗，表示天上月映在水中。席上另布一个老月饼模子，呼应中秋主题。

主器物：老月饼模子

茶席上摆了一个老月饼模子，这是我以前淘的，用来制作过冰皮月饼。中国绝大部分传统美食，融进了家庭的光阴和情感，因而有特别美好的味道。现今，很多传统节日和美食的衰落恰恰是因为失掉了这个立身之本——随时可以在超市买到月饼、粽子、汤圆，怎么还会想要通过制作食物得到温馨和仪式感？

从前家家户户都有月饼模子。面团包好馅，按压在模子里，然后磕出来，就有漂亮的形状和花纹。那时候中秋节前后，家家户户都是“砰砰砰”磕月饼模子的声音，听到不会心烦，反而感到安定——这就是中秋节了呢，人间的情致。

茶席上的老月饼模子，是用硬杂木做的，以前的模子大多用枣木或者梨木制作，材料易得，好刻又不容易裂。通过模子的大小和形状非常容易分辨出是南方的还是北方的——北方的模子个头比较大，基本是圆形，直径十至十五厘米；南方的模子不仅有圆形的，还有方形的、菱形的、扇形的等，一般直径在五厘米左右。我的这个老模子直径十三厘米，有个长长的手柄，方便磕出饼坯。

月饼模子都有美丽的图案，寓意深刻。常见的有嫦娥奔月、蝙蝠金钱、兔子捣药等，还有很多花卉纹样。我的这个是“状元及第”：一位状元骑在马上，头上的冠插着两支宫花，马前有红绸带，马后有桂枝，马蹄子下面有云朵，走起来一路生风，兴奋而得意。工艺虽然粗糙，但是充满了民间的质朴气息，甚至能从粗大的刀法线条里看出制作者仿佛自己中了状元一般，欢喜感扑面而来。这难道不是此刻的素直吗？

中秋节突然想泡白毫银针。这几年白茶大火，尤其是老白茶，以寿眉和白牡丹比较多见，白毫银针相对而言就不常见了。

白茶等级相对简单，最高等级有白毫银针，中间等级有白牡丹，比较大众的有寿眉和贡眉。白毫银针都是芽头，不过福鼎大白毫的芽头并不小，粗壮直立，白毫披覆，看上去很有力度。如果是小白茶，就会柔弱得多。白牡丹是一芽一叶或一芽两叶，展开后花型丰富饱满，先人们拟为牡丹之型也是非常契合的。如果是茶叶抽针剩下的叶片，一般就是寿眉了。如果是小白茶长到四五片叶子再采摘，就是贡眉。但不能说贡眉就是高等级的寿眉，只能说贡眉其实是带有毫心的。

白茶也是不追求喝新茶的。寿眉、贡眉需要陈化，新茶内容物不多，氧化转换比较快，一般陈放四五年，寿眉就已经很好喝了，而陈放八九年的老寿眉，煮着喝有淡淡的药香和浓郁的枣香，非常诱人。小菜茶做的白牡丹新茶也很好喝，有清新的味道。白毫银针价格比较高，而且陈化并不划算。但每次喝白毫银针，都不会失望。它的爽利之感是白牡丹和贡眉、寿眉无法企及的。特别是品质好的白毫银针自有山野之气，蕴含高扬的花香。白毫银针当然也可以陈放，每年都会有不同的明显变化，一般来说，陈化七八年的茶药香味会比较浓郁，令人难忘。新的白毫银针偏寒凉，人们说白茶"功同犀角"，指的就是其有"解热定惊"的功效，传统上就是指白毫银针。白毫银针的价格和价值都很高，以前此茶出口到国外，外国人常将泡好的红茶倒在水晶杯里，再在红茶里掺一两根白毫银针，表示贵重。新的白毫银针泡好茶汤，配月饼倒是很合适，月饼里的糖分会减轻寒凉对胃的刺激。

白毫银针

茶性 形状紧细似针，新茶鲜嫩，颜色嫩绿，白毫浓密；陈放茶每年都有不同变化，颜色逐渐加深，毫毛从银灰转乳白再到泛黄。汤色方面新茶淡绿通透，陈茶杏绿清亮，老茶从杏黄到棕黄，但依然清澈。香气方面，新茶以毫香为主，间或有花香、青草香；老茶以药香为主，间或有木质类香气。滋味方面，新茶鲜爽感强，滋味清爽、甜润；老茶滋味醇厚、柔和，汤感润滑，穿透力强，凉意萦绕。

主泡器 天圆地方日本黄釉盖碗。

水温 约九十五摄氏度。

置茶量 约为主泡器容量的四分之一。

时间 第一泡因为茶芽需要浸润下沉的时间，故而建议浸泡一分钟，第二至第五泡，每泡五至十秒即可出汤，此后适当增加浸泡时间，好的白毫银针可以泡八九泡，仍韵味不减。

存茶 避光，常温，尤其要注意的是，保存环境一定要干燥。可以陈放。

冲泡白毫银针

一、备具

二、温杯

三、冲泡

四、出汤

五、分茶

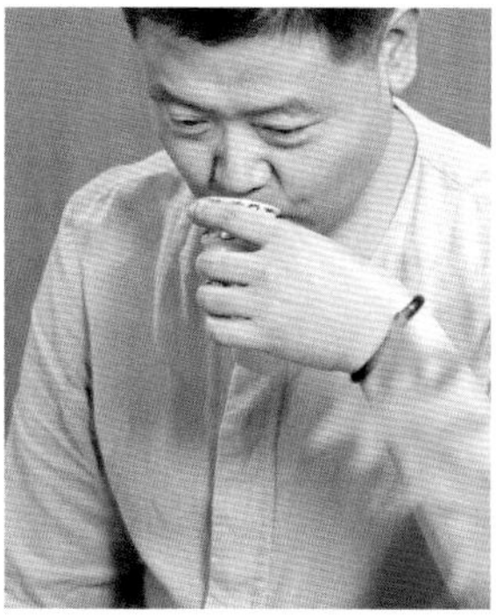

六、品饮

干茶

茶汤

叶底

国庆

心念家国

湖田窑青白釉暗刻花盏碗
八角木胎大漆壶承
裂变釉窑变公杯
大漆戗金脱胎叶型茶则
黑地点金漆木胎茶拨

陆

节日之意

作为和平年代成长起来的茶人，在国庆节运用茶席展爱国之志、抒爱国之情，也是展现文化自信的方式之一。通过一方茶席，能够带动更多的人弘扬爱国精神，让人们把爱国之心、强国之志，融入日常生活之中。

茶席主题

中华文明植根于多民族的文化沃土，绵延发展、生生不息的根基即我们血脉中的家国情怀。心中装着国家和民族，关注时代、关注社会，丰富思想。因而，我认为茶人既要认真了解和学习历史传统，又要在古人的基础上展现时代精神，这样的话，才能为茶席注入新的活力，展现新的风貌。

竹编宫廷式花篮

主器物：竹编宫廷式花篮

每年的国庆，我印象最深的就是装饰一新的天安门广场。其中，大花篮造型的景观花坛往往是焦点。花篮中，各种造型鲜花迎风吐蕊、枝蔓相依，共同展现一个鲜明的主题——祝福祖国！

因而这次我特别选了一个传统造型的竹编花篮，也较之一般茶席插花放大了比例，借以表达国庆时喜悦的心情。竹编是中国传统技艺之一，充分体现了人与自然和谐相处的理念。竹子劈成不同规格的竹篾、竹丝之后，弹性佳、坚固性好，能够编织成不同的造型，其中制成篮子的比例很大。利用经纬编织的方法，再穿插销、锁、钉、扎、套等工艺，竹篮不仅可以在造型上千变万化，还能呈现不同的花纹，有很强的实用性和艺术性。

主泡茶：紫鹃生普

紫鹃是云南省农业科学院茶叶研究所发现并强化培育的一个小乔木品种茶树，鲜叶和成茶都富含花青素。花青素在叶底上呈现明显的靛蓝斑块，但是在茶汤里则呈现通透明亮的粉紫色。丰富的花青素形成了紫鹃的口感特点——苦味重且涩感突出，而这种苦和涩转化得并不能算快。以紫鹃制成的生普，干茶香气好于一般当年产的生普洱，不是那种直白的青叶香，而是混合了木香、果香的复合香气。紫鹃茶也比较耐泡，可冲泡十多泡而无水味。

最令人津津乐道的还是紫鹃茶的汤色，那种淡淡的紫，充满轻柔的、澄澈的感觉，又充满活力，也许这就是宋代王奕的诗句“玄云荏苒幻紫色”描述的那种神秘高贵的紫。

紫鹃生普

茶性　干茶墨绿带紫，闻起来有复合香气。茶汤通透，颜色粉紫，入口苦涩，香气高扬，口腔留置感好。

主泡器　湖田窑青白釉暗刻花盖碗。

水温　约九十摄氏度。

置茶量　约主泡器容量的四分之一。

时间　前五泡即泡即出汤，后续增加浸泡时间，可以冲泡十二至十五次。

存茶　通风、无异味、避光的环境。花青素容易氧化和降解，通常不主张紫鹃普洱茶长期陈放。

干茶

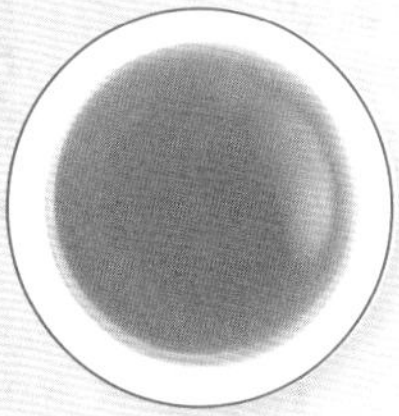
茶汤

叶底

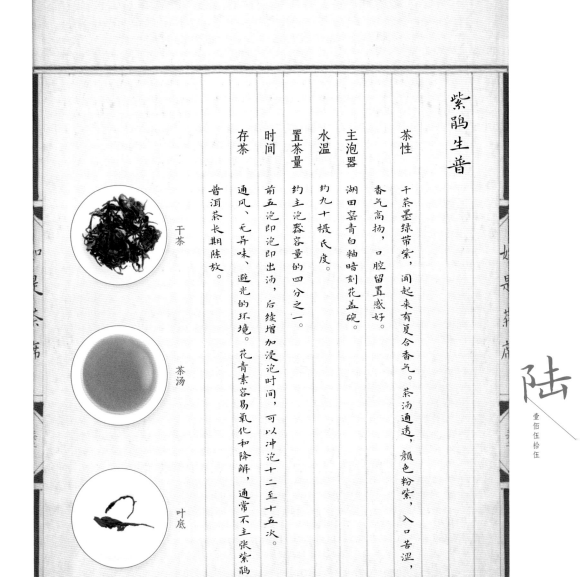

重阳 玉京秋

陆

节日之意

重阳节，农历九月初九，两九相重，称为『重九』。《易经》中把『六』定为阴数，把『九』定为阳数，九月九日，日月并阳，故而也叫重阳。两九相连，谐音『久久』，民间通俗化为人生长久，有祝寿之意。曹丕《九日与钟繇书》中说：『岁往月来，忽复九月九日。九为阳数，而日月并应，俗嘉其名，以为宜于长久，故以享宴高会。』说明汉朝时已有此意。

民俗背后的本质是中国人极为高超的自然人文理念，即天文影响地文，地文影响人文，天地人交织的宇宙观。

《诗经·豳风·七月》中云：『七月流火，九月授衣。』意思是七月里大火星向西下行，九月里妇女们开始裁制御寒衣物。古人所说的『大火星』，就是心宿二。九月大火星逐渐隐退，天气开始转凉，大火星是上古先民生活和农业生产的坐标星，大火星隐退，人文上要有所应对。

《易经》认为，孤阴不起，独阳不生，两『阳』相遇极为凶险，为了镇压凶气、战胜凶气，重阳节的主要活动就是登高，其他的都属于附加活动。所以，重阳节最初并不是大家以为的是个吉祥的日子，而是人们希望通过仪式趋利避害，这就是中国人的智慧——淡然的心态与积极进取的处世态度。

登高，一般是登高山、登高塔，也就是到野外去，这就是躲避，离开平日生活的环境，躲避凶气。而高处正气较为充沛，浊气不能污染，确实也有利于人体健康，预防传染病。

重阳节的另一个仪式插茱萸，也是为了预防秋季的传染病。茱萸是一种中草药，和艾草一样具有一定的消毒作用，但也不乏『伪装』之意。重阳节强调的是全家躲避，要数一数是不是丢下了谁，以免家人被『瘟神』捉走。除了佩戴茱萸，人们也有头戴菊花的习俗。唐代就已经如此，之后历代盛行。清代，北京过重阳节的习俗是把菊花枝叶贴在门窗上，『解除凶秽，以招吉祥』。这是头上簪菊的由来及演变。菊是应时的花草，在『霜降之时，唯此草盛茂』，独立寒秋的菊花，在一片萧瑟中拥有顽强的生命力，因而饮菊花酒也成为重阳的节俗之一。

茶席主题

这次茶席的主题是“玉京秋”，是为了纪念北方的秋天。我出生于北方，成长于北方，大部分时间也生活在北方。北方的秋，如果赶上好天气，天仿佛都高远了很多，地上的颜色也丰富起来，黄的、红的、绿的、棕的，组合在一起，有着令人兴奋的缤纷之感。我选了一把紫砂花货，整体做成柿子状，表示秋天。品茗杯是颜色釉小盅儿，分别是牛血红、藤黄和果绿色。匀杯是琉璃的，有清冷通透之意。茶则上刻有菊花，秋色之意。放茶拨的则是一把花丝镶嵌的小扇子，表示秋扇见弃，略作怀念。茶席之上还配了一小峰琉璃山子，取登高之意。

斑竹茶拨
银花丝镀金镶多宝扇子
刻菊花竹茶则
紫砂红泥柿子壶
梁明毓制琉璃公道杯

主器物：银花丝镀金镶多宝扇子

此处重点介绍放茶拨的小物件，一把花丝镶嵌的扇子。花丝镶嵌其实是两种工艺——花丝和镶嵌。花丝一般是金丝、银丝，编织或者掐制成各种图案，单层或者多层都有，有的时候也叫“掐丝”；镶嵌，就是嵌珍珠、宝石、玛瑙，也配合点翠等多种工艺。花丝绝对是个精细活，燕京八绝里也属头一份儿，而且也只有皇家用得起。元、明、清三代在北京形成了全国最大的花丝制作中心。在明代，花丝镶嵌已经达到了高超的艺术水平，清代有了更大发展，名品不断涌现，很多成为贡品。

花丝的工艺步骤一般包括：拉丝、掐丝、填丝、焊接、攒、堆垒和织编。拉丝是花丝的前期准备工作。不同型号的花丝都是师傅从拉丝板中一条条拉制出来的。拉丝板的眼孔通常是用合金和钻石制成，最大的直径四毫米，最小的直径只有零点二毫米。从拉丝板中拉出来的单根丝在行内被称为“素丝”，将两股或两股以上的素丝搓制成各种带花纹的丝才可以使用——这就是“花丝”的由来。常见的花丝是由两三根素丝搓成的，这是最简单、最基本的样式。更复杂的花丝还有拱线、竹节丝、螺丝、码丝、麦穗丝、凤眼丝、麻花丝、小辫丝等样式，有近二十种。掐丝就是用镊子或钳子将花丝掐成各种纹样的工艺。填丝也叫平填，是将制成的花丝图案平填在规定的图案里，是较单调也较费时的工序。焊接是将制成的纹样拼在一起，通过焊接组成完整首饰的工艺过程。攒就是把零部件组装在一起。堆垒是用堆炭灰的方法将码丝在炭灰形上绕匀，再垒出各种形状，并用小筛将药粉筛匀、焊好的工序过程。织编工序和草编、竹编是一样的，只不过金、银编织难度大些，要有经验的手艺人才能编好。

镶嵌，一般是镶嵌各种名贵宝石。明代花丝镶嵌对中国传统首饰最重要的贡献就是它改变了重纹饰轻宝石的传统。到了清代，宝石资源逐渐稀缺，便采用点翠和烧蓝来替代宝石。而今，花丝镶嵌工艺只留存于北京、成都两地，且尤以北京的花丝镶嵌工艺更为齐全。

我的这把花丝小扇子，其实是枚胸针。镶有翡翠和烧蓝，配有珊瑚珠。烧蓝是将整个胎体填满色釉后，再拿到炉温大约八百摄氏度的炉中烘烧，色釉由砂粒状固体熔化为液体，待冷却后成为固着在胎体上的绚丽色釉。此时色釉低于银丝高度，所以得再填色釉，再经烧结，如此连续四五次，直至将纹样内填到与掐丝纹相平。烧蓝只能施于银子表面，替代需要取翠鸟之羽才能完成的点翠，由此成为不伤及生命的工艺之美。

花丝镶嵌的美是精细的美，也正因为精细，才如此耐看，让人感受到巧夺天工的匠心。

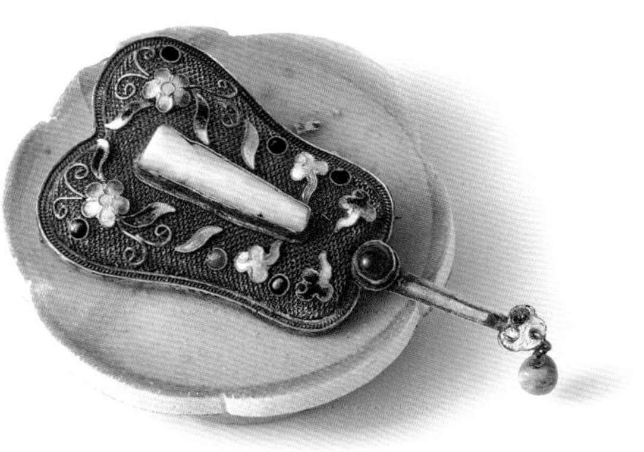

银花丝镀金多宝扇子

主泡茶：老水仙

主泡茶是一款老水仙。我在四十岁之后，尤为喜欢老茶。老茶褪去锋芒，但更为睿智、饱满，更为深沉和富有张力，就像人生到了四十不惑，不是不惑，而是做好了准备去承受和应对。

什么样的茶适合陈放？我喝过存放了四十年的老龙井，虽然该茶也有陈化的味道，茶汤颜色也很深重，但是茶力已经非常淡薄了。发酵类的茶才有陈放的意义，无论这种发酵是酶促氧化反应还是水湿发酵。而发酵类的茶应该是中叶种、大叶种类的茶青，才会有比较丰富的内容物，才能从容地在时光中“变老”。所以，微发酵的白茶、半发酵的乌龙茶、强发酵的红茶、全发酵的黑茶和普洱茶都可以陈放，它们相对于绿茶，更好控制一些。黄茶通过湿热闷黄，刺激性已经很小了，已经非常适合饮用了，那能不能陈放呢？其实也可以，但是时间不宜太久，否则茶力也会衰减很多。

这款老水仙是陈放的武夷岩茶，是武夷山老茶人吴则华制作的，陈放已经超过十五年。该怎么描述这款茶呢？火气完全消退，口感是难得的饱满顺滑，真的像糯米汤一样。也很耐冲泡，泡了七八遍之后还可以煮一遍。对于一款茶来说，物尽其用，释放它所有的精华，是对它的尊重。

老水仙

茶性　干茶呈现红褐色，隐藏的绿意已经完全看不见。因为复焙过，闻起来干净没有酸味。茶汤深重明亮，入口顺滑饱满，张力无穷。

主泡器　紫砂红泥柿子壶。

水温　约一百摄氏度。

置茶量　主泡器容量的三分之一左右。

时间　无须洗茶，第一泡至第五泡可以五秒左右出汤，之后增加浸泡时间，可以泡八九泡。

存茶　干燥、避光，常温，通风环境保存。

干茶

茶汤

叶底

名·相

冬至

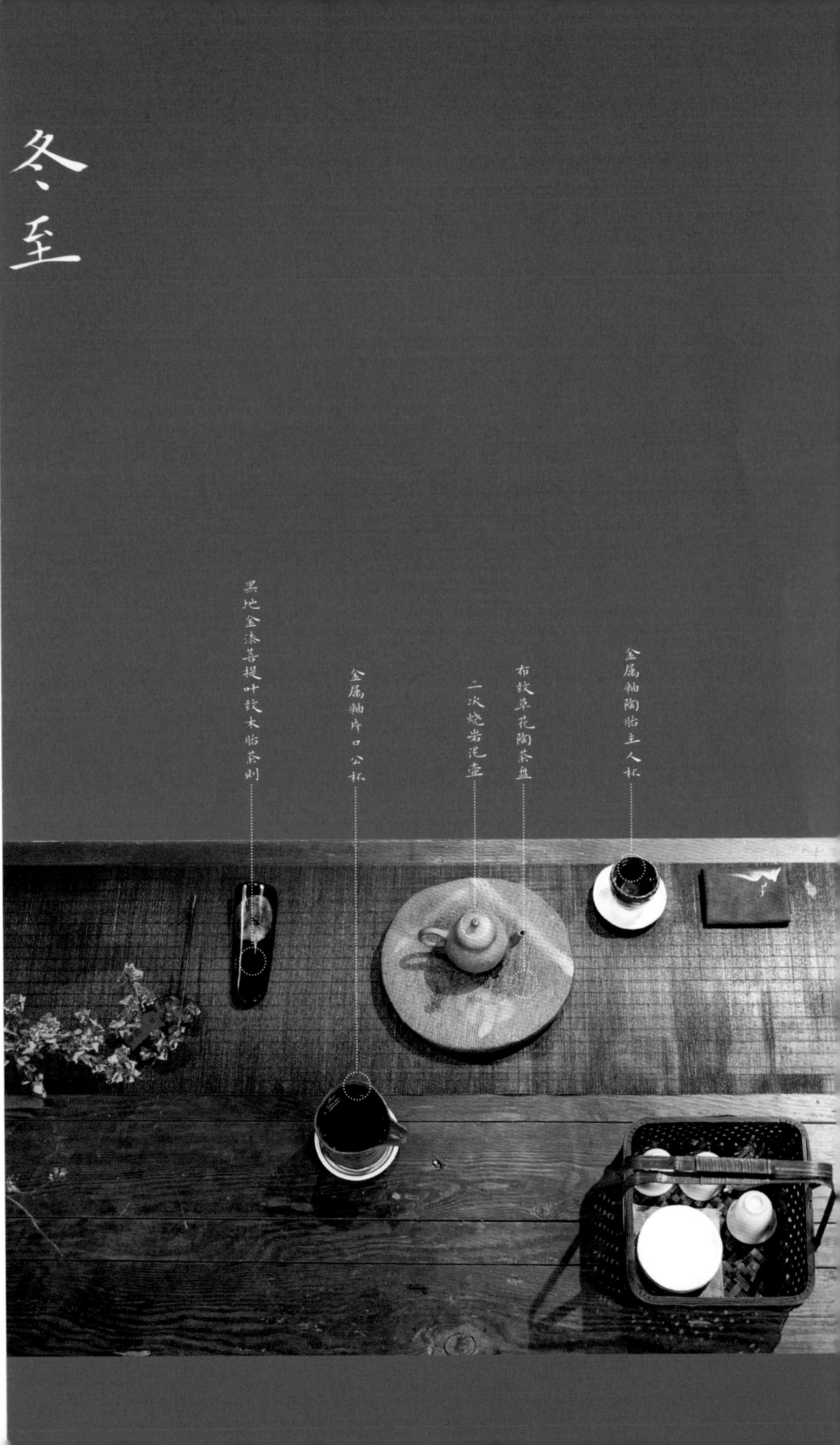
金属釉陶胎主人杯
布纹草花陶茶盘
二次烧岩泥壶
金属釉片口公杯
黑地金漆菩提叶纹木胎茶则

陆

节日之意

《清嘉录》有『冬至大如年』之说，表明古人对冬至十分重视。当太阳运行至黄经二百七十度，太阳光几乎直射南回归线，北半球一年中白昼最短，全年正午太阳高度最低，这一天即『冬至』。

冬至是二十四节气中最早确定的节气，它出现的最初意义是作为一个盛大的节日——新年。周代以冬十一月为正月，以冬至为岁首。直到汉武帝采用夏历（俗称农历）后，才把正月和冬至分开。汉代以后，即使冬至不再作为新年，也是一个非常重要的节日，简称『冬节』。《后汉书》中有这样的记载：『冬至前后，君子安身静体，百官绝事，不听政，择吉辰而后省事。』所以冬至这天朝廷上下放假休息，军队待命，边塞闭关，商旅停业，亲朋各以美食相赠，相互拜访，欢乐地过一个『安身静体』的节日。魏晋时，冬至被称为『亚岁』，民众要向父母长辈拜节。宋朝以后，冬至逐渐成为祭祀祖先的节日。

冬至是『数九』寒天的第一天。这也意味着一年最冷的时间段到来了。然而恰恰是这个时候，阴中已生阳，事情发展到极致则必然翻转。天地就是在这阴阳变化中生生不息，不因至阳而暴，不因至阴而滞，这种生化乃天地之心。北宋大儒张载提出『为天地立心，为生民立命，为往圣继绝学，为万世开太平』，这是他的人生理想。天地本无心，但天地生生不息，生化万物，即天地的心意。人行走在天地之间，能够体会这种天、地、心，就是真正地顺应天道了。

茶席主题

此次茶席的主题是“名·相”——耳可闻者曰名，眼可见者曰相。佛教认为感觉器官包括眼、耳、鼻、舌、身、意，就是指眼睛、耳朵、鼻子、舌头、身体、脑子，即所谓的六根，是人接受外界信号的器官。这些器官对应的感觉结果是色、声、香、味、触、法，也就是所谓的“六尘”。

佛教对“名相”的认知，就是不要让自我陷在概念里，从而失去做事的本意。举例来说，一个人坚持诵念“南无阿弥陀佛”，即使发音不准确，也总比发音准确但是不念的人要有功德。《金刚经》云：“凡所有相，皆是虚妄。”所有有相的事物，都不是真实的相。佛家讲无常根本，都是在变化中，就连思绪念头也是一个接着一个，刹那间会有无数念头在变化。看待事物的本质，才是实相，实相是空，但又不是什么都没有，空中不空，无中孕有，所以才叫“真空妙有”。达摩祖师曾说过，看那看不见的事物，听那听不见的声音，知那不知道的事情，才是大智慧。这并不是虚无，而是随顺，“因上精进，果上随缘”，既要有小聪明，又要有大智慧。

“名相”茶席伴随着仪轨，主人布好茶席之后，请客人安坐，要求大家闭上眼睛，通过听觉、味觉、触觉等完成品饮。茶过三巡，再请大家睁开眼睛，重新确认比对。同样的茶，在关闭不同的感觉器官时，感受是不同的。客人在闭着眼睛的时候，听力异常敏锐，听着水在壶中烧开的声音，心里猜测主人下一步的动作，当茶盏放在面前，客人小心翼翼地用手去感知茶杯的位置；当茶喝到嘴里时，开始把关注点放在当下的茶汤上，对茶汤的感知不再受眼花缭乱的茶室环境和茶具的干扰。

所以，名相很重要，它们是基本的认知；打破名相同样也很重要，那会撕开阻碍你走向大智慧的第一层“纸”。

主器物：二次烧岩泥壶

对于名与相、色与空的认知，不是想一想就能明了的，需要反复“淬炼”。茶席上，我选了一把二次烧岩泥壶作为主泡器。器物对茶汤的影响在本书的前半部分已经探讨过，考虑到此次茶席所泡的百瑞香是一款武夷岩茶，那么圆润的、有一定空间的壶身，有一定透气性但不能损失香气的材质就成为我选器的重点。

老岩泥是一种天然材料，是可以替代紫砂泥的制壶原料，其制品特性不尽相同，而烧成温度与时间是主要影响因素。岩矿和陶土融合烧制，有些泥料烧制时间须更长，才能显现老岩泥的火纹与韵味。老岩泥表面的火纹，是器具在窑内熏变的结果。每件作品的特点，由窑烧的温度及器具在窑烧时所放的位置决定。同一材质、同一器型，重复窑烧一次、二次、三次，会呈现不同的效果。一次烧成后，茶器气孔还比较大，适宜泡老茶、黑茶；二次烧，器具处于半玻化的状态，提香留味，特别适宜半发酵类的乌龙茶；三次烧后器具就比较致密了，特别适宜泡生普洱茶。

主泡茶：百瑞香

岩茶百瑞香，也叫白瑞香，创制于二十世纪初。也有说岩茶百岁香就是百瑞香的，大抵不对。百岁香创制于宋末，有近似白桃般的香气，而百瑞香却不同。

百瑞香干茶的香气初闻很像鲜花混有肉桂的味道，再闻，却是肉桂和铁罗汉的混合味道。茶汤一直都是百花香味，每泡和每泡之间会有变化，时而兰花香，时而荷花香，再后来是类似干枣烤过的香气。据说，百瑞香之名就得自这款茶的香气。

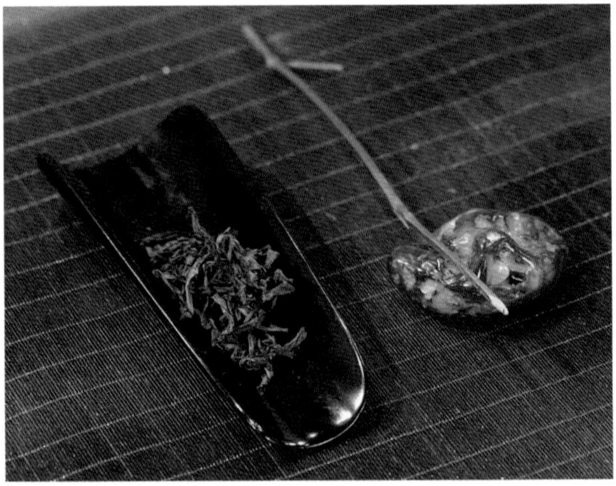

瑞香花是中国传统名花，苏东坡曾经写过一首《西江月 · 真觉赏瑞香二首》：“公子眼花乱发，老夫鼻观先通。领巾飘下瑞香风。惊起谪仙春梦。后土祠中玉蕊，蓬莱殿后鞓红。此花清绝更纤秾。把酒何人心动。”能让大文豪也动心的，定不是凡品。可惜此花生在江南，我一个北方人，虽也走南闯北，毕竟没有见过，更别提闻过如此美妙的香气了。如果传说为真，那么瑞香花的香气一定是浓郁的，经久不散的。

百瑞香

茶性　百瑞香外形紧结细长，色泽乌褐油润，汤色棕红通透，香气高妙富于变化，滋味顺滑回甘。

主泡器　二次烧岩泥壶。

水温　约一百摄氏度。

置茶量　约主泡器容量的三分之一。

时间　无须洗茶，第一泡至第五泡均可以二至十秒出汤，之后增加浸泡时间，可以泡八九泡。

存茶　干燥、避光，常温、通风环境保存。

干茶

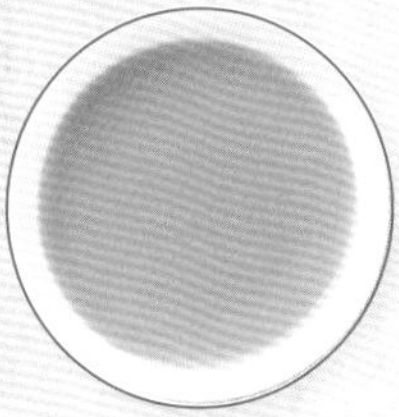
茶汤

叶底

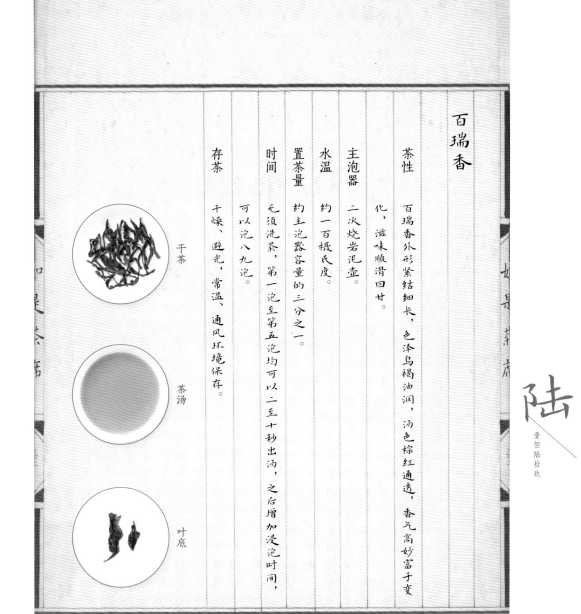

元旦

节日之意

这里所说的『元旦』，是指公历的一月一日。在以前，元旦是指正月初一，也就是说，如今的春节在从前叫作元旦。

『元旦』这两个字不容小觑。元谓『首』，旦谓『日』，『元旦』意即『首日』，且不仅是首日，更是『三元』合一，即岁之元、月之元、时之元。中国古代曾先后以腊月、十月等的月首为元旦，汉武帝起改为农历一月一日，辛亥革命后改为公历的一月一日。

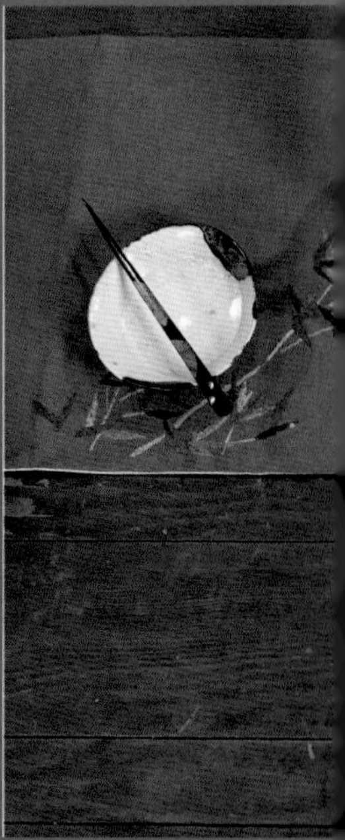

因为所处的经度和时区不同，世界各国迎来元旦的先后顺序往往不同。中国是世界上第十二个迎来元旦的国家。元旦虽然影响远不如春节，但毕竟是一年的开始，因此成为中国人和世界接轨的一个窗口。

元旦过后几天，往往会迎来『小寒』节气，天气是一年中最寒冷的时候，从气温统计数据来看，小寒的气温大部分时候比大寒要低。但是《月令七十二候集解》中说『月初寒尚小，故云。月半则大矣』。

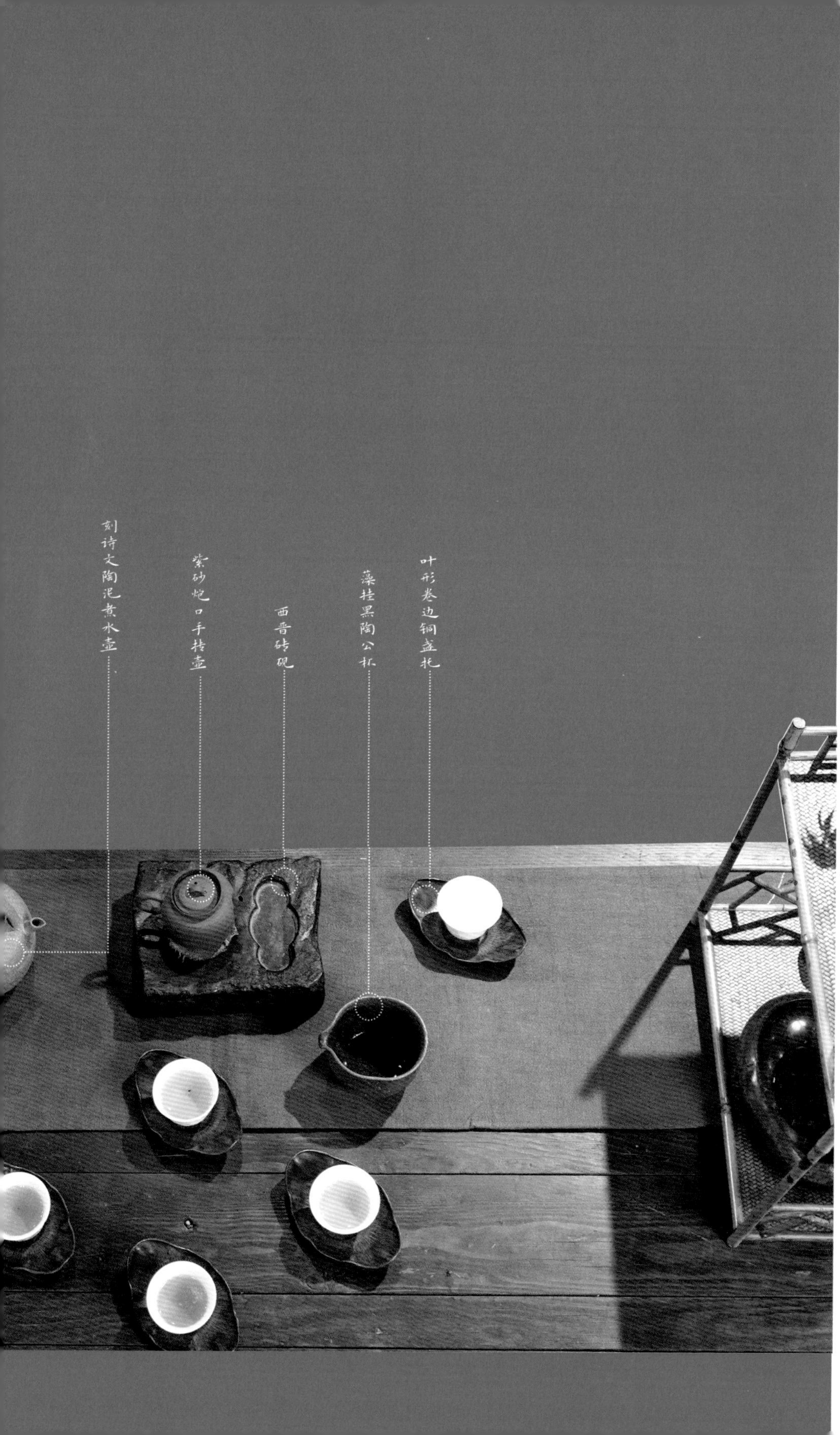
刻诗文陶泥煮水壶
紫砂炮口手持壶
西晋砖砚
藻挂黑陶公杯
叶形卷边铜盏托

陆

茶席主题

此次茶席的主题是“蒲草文心”。元旦过后，就要做好迎接寒冷的准备了。寒冷的时候到了，春天也就不远了。在极冷的环境中，阳气也在悄悄萌动，人们更应该保持蓄积、向上的信念。所以这一次茶席的主角选择了蒲草。此草本是山野间自由生长的小草，能成为文人的心头好，自然有它的缘由。

宋代苏东坡《石菖蒲赞（并叙）》云：“凡草木之生石上者，必须微土附其根……惟石菖蒲并石取之，濯去泥土，渍以清水，置盆中，可数十年不枯。虽不甚茂，而节叶坚瘦，根须连络，苍然于几案间，久更可喜也。其轻身延年之功，既非昌阳之所能及。至于忍寒苦，安淡泊，与清泉白石为伍，不待泥土而生者，亦岂昌阳之所能仿佛哉？”

北宋时期，文人阶层便开始盛行养殖蒲草，究其原因，一是蒲草外形具备观赏性，二是蒲草象征不攀附权贵的精神气质，三是蒲草能够吸附灯烟，“灯前置一盆，可收灯烟，使不熏眼”。菖蒲在古代是用于治干眼症的草药，古代读书人多用油灯，所以容易熏眼，于书桌案头置蒲草，可以用其凝结之露珠洗眼。

为了衬托蒲草的文人气，此次茶席的壶承使用了一个砚台。所泡的茶是武夷岩茶“不知春”，以此传达春天即将到来、欢心准备的情愫。

蒲草

主器物：西晋砖砚

这个特殊的壶承是一块西晋砖砚。庄子曾曰，道“在瓦甓”。此话大有深意，我因而附会。其实，金石一道，古砖亦多被人所喜。古砖质地坚密，往往刻有年代、图案、吉语等，本身带有历史沉积的质感，再用来精镂，或作为菖蒲盆，或作为砚台，或作为笔筒、花插，都是文人喜爱的雅玩。特别是作为砚台，发墨快，不伤笔，兼具美观与实用。

这块古砖砚并不完整，砚长约二十厘米，宽约十五厘米，厚约五厘米，侧模有阳文：“建兴四年十月。”“建兴”是西晋愍帝司马邺的年号，也是西晋最后一个年号。

这块砖质地沉重，厚实细密，斫出海棠型砚池，古意浓厚，颇显大气。我用来作为壶承，在茶席上显得庄重而有文士气。

西晋砖砚

主泡茶：不知春

此次茶席泡的是武夷岩茶“不知春”。不知春原产武夷山天游峰，也有说原产碧石岩的。它属于武夷山茶树晚生品种，过了春天才发芽，较其他早熟品种要迟一个多月，一般在五月中下旬采摘，茶就好像不知道春天已经来了，后知后觉地发芽生长，因此得名“不知春”。网络上有人说不知春就是武夷雀舌，这个说法我认为不对。虽然武夷雀舌也是晚生种，但是原产地在九龙窠，而不知春的原产地在流香涧，天游岩、佛国岩也有同名茶树。

不知春一般选择中轻火焙茶，干茶色泽乌褐，带白霜点，外形秀隽，宛如雀舌。汤色金黄厚重，气泡宛如浮在琥珀之中。香气却并不是那种特别直接的高扬，而是婉转深树鸣，隐隐香不绝。味道也很难形容。是花香？找不出合适的类比。是果香？也无佳果可拟。是蜜香？仍有岩韵如出云。且算是复合香吧，乌龙茶的香。检视叶底，红斑了然，边缘锯齿明显，壶中冷香自然，留有淡淡的乳香味道。

不知春

茶性 干茶色泽乌褐，带白霜点，条索挺俊。汤色金黄厚重，有胶质感。香气婉转持久，花香明显，汤感顺滑。

主泡器 紫砂炮口手抟壶。

水温 九十五摄氏度左右。

置茶量 约主泡器容量的三分之一。

时间 无须洗茶，第一泡至第五泡均可以二至十秒出汤，之后增加浸泡时间，可以泡七八泡。

存茶 干燥、避光，常温、通风环境保存。

干茶

茶汤

叶底

腊八

知白守黑

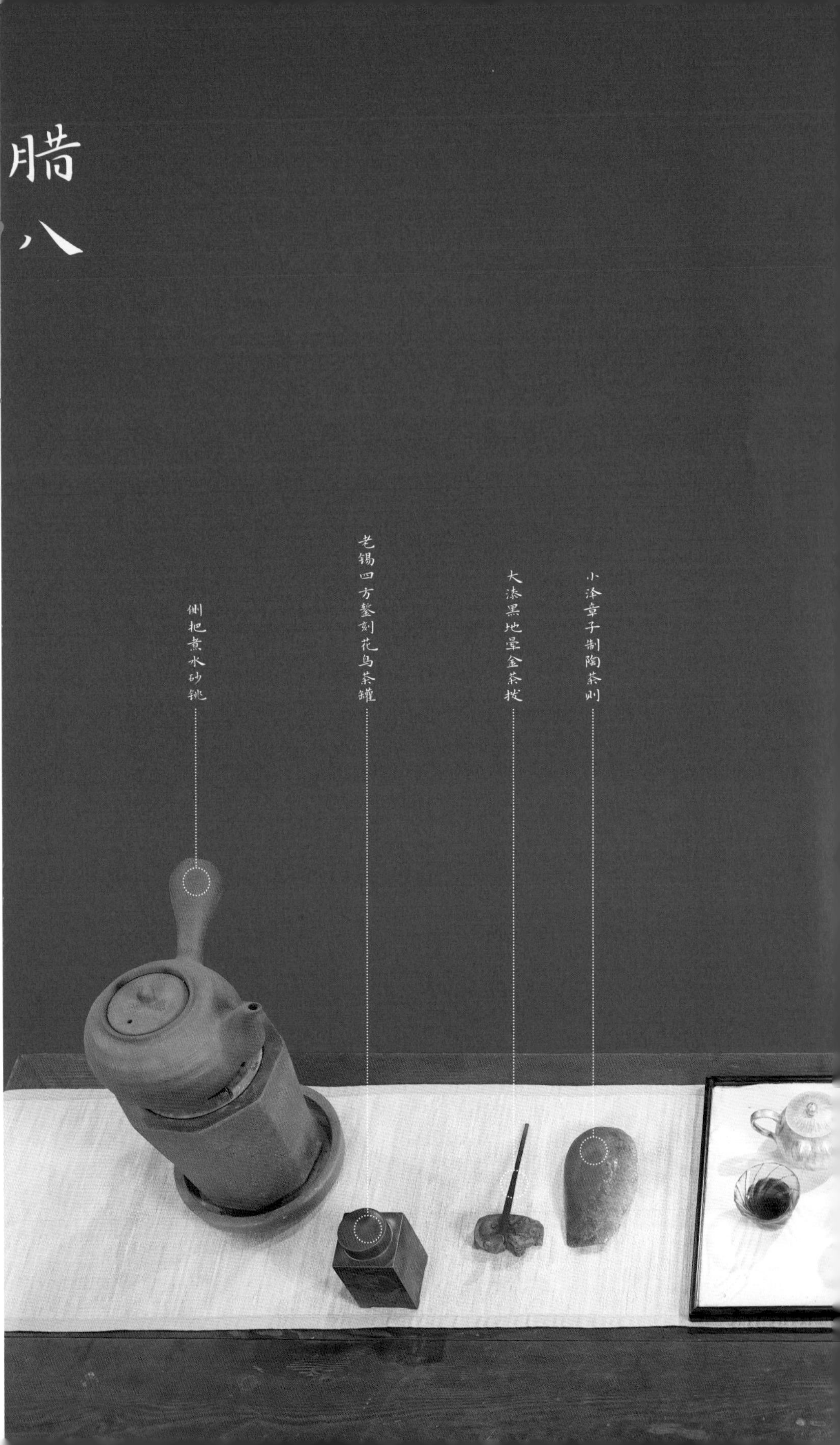
侧把煮水砂铫
老锡四方錾刻花鸟茶罐
大漆黑地晕金茶拨
小泽章子制陶茶则

陆

节日之意

腊八，顾名思义，腊月初八，往往在小寒三候之内，甚至与小寒重合。腊八源自佛教节日，释僧祐《释迦谱》中记曰：『尔时太子心自念言：「我今日食一麻一米，乃至七日食一麻米，身形消瘦，有若枯木。修于苦行，垂满六年，不得解脱，故知非道。」……时彼林外有一牧牛女人，名难陀波罗。时净居天来下劝言：「太子今者在于林中，汝可供养。」女人闻已，心大欢喜。于时，地中自然而生千叶莲华，上有乳糜。女人见此，生奇特心，即取乳糜至太子所，头面礼足而以奉上……太子即复作如是言：「我为成熟一切众生，故受此食。」咒愿讫已，即受食之，身体光悦，气力充足，堪受菩提。』

按这种说法，牧牛女（不是牧羊女）是接受了净居神的指示，而且净居说完之后，地上自然就冒出千叶莲花，花上有乳粥，那么这粥，其实是神所奉献的了。释迦牟尼是喝了这神粥后，气力恢复，灵台清明，终成大道。

然而当腊八节进入民间，就增添了很多世俗的喜庆色彩。这其中最得人心的大概就是腊八粥了。清代富察敦崇所写《燕京岁时记》载有腊八粥的做法：『腊八粥者，用黄米、白米、江米、小米、菱角米、栗子、红江豆、去皮枣泥等，合水煮熟，外用染红桃仁、杏仁、瓜子、花生、榛穰、松子，及白糖、红糖、琐琐葡萄，以作点染。切不可用莲子、扁豆、薏米、桂圆，用则伤味。每至腊七日，则剥果涤器，终夜经营，至天明时则粥熟矣。除祀先供佛外，分馈亲友，不得过午。并用红枣、桃仁等制成狮子、小儿等类，以见巧思。』

可见旧时的腊八粥倒是和今天的不同，今天常用的莲子、薏米、桂圆，那时候都是不放入粥中的。

茶席主题

此次茶席的主题是“知白守黑”。“知白守黑”见于《道德经》第二十八章：“知其白，守其黑。”意在教人处世之道，要明白是非对错，而对世俗之流既不赞美也不批判，笑看尘世，与“大智若愚”有同工之妙。这种智慧被很多人解释得过于消极。老子在这里提出来一种知与守的选择模式：我知道雄强、明亮、荣耀，但是我宁愿安于雌柔、暗昧、卑下。这种理念于当下尤为适用。在高速发展的洪流里，个人如何跟上时代？不是抱怨、哀叹。老子提倡虚静、柔和、慈俭、不争，不是什么都不干，而是持续努力，但是不执着于所得，不惑于躁进，不迷于荣利。

刷银茶壶

老子不仅“守黑”，而且“知白”，对“白”的一面有透彻的了解，然后守于“黑”的一方。此处的“守”，并不是指退缩或回避，而是含有主宰性。它不仅执持“黑”的一面，也可以协调并运用“白”的一面。

虽然知道奋勇争先会给自己带来名利，却还是坚持默默地耕耘；虽然明白荣华富贵能使自己过得舒适，却安于粗茶淡饭的日子；虽然懂得圆滑谄媚能给自己带来好处，却坚守自己的原则。这是一种“得之泰然，失之淡然，争其必然，顺其自然”的人生境界，值得“守卫”。

陆 主器物：枯山水造景

这次的茶盘，使用的是日本的枯山水造景。中国的园林造景之法是非常高妙的，运用池塘、林木、窗牖、山石等，达到一步一景、小中见大、前后左右各不同的境界。但是也有两个问题难以克服：一是设计者必须是大师，专业性太强；二是维护起来费用很高，一般人承受不起。相对来说，枯山水则简单得多。

枯山水在日本镰仓时代称乾山水或乾泉水，是日本园林独有的形式，堪称日本古典园林的精华与代表。枯山水，顾名思义，并没有水，是干枯的庭院山水景观。其主要特点是以山石和白砂为主体，用以象征自然界的各种景观。

枯山水中，石头一般代表山峰、岛屿，有时候也会用石柱表示星辰；白砂上不同形状的线条表示水流、海洋、云雾等。如果是较大的漩涡状的纹饰，通常表示“宇宙”。在一些著名的枯山水设计中，也有用黑砂和褐色砂的，对比性更强。

缩之千里，程于尺寸。睹物静思，神游天外。看似无相，实则万象。山水可以枯，人心不能枯，且吃茶去。

六堡茶，顾名思义，产自广西壮族自治区梧州市苍梧县六堡镇，又以塘坪、不倚、四柳等村落产的为正宗。这些年六堡茶名气渐渐为外人所知，不得以向外寻找原料，凌云县等也生产六堡茶或供应原料茶。说六堡茶“为外人所知”其实并不准确，在东南亚一带六堡茶一直是声名赫赫，只是在国内生产一度中断，到一九五〇年以后才恢复生产。

传统六堡茶的制作，就是茶农采摘山间的茶树叶，采的都是相对比较粗老的鲜叶，茶梗也很硬，需要在锅里用热水烫一下再捞出，称为“捞青”。之后将鲜叶摊凉，温度降下来后揉捻，然后放到锅里炒，主要是散掉一部分水分,又不会令茶叶特别干燥。趁叶子软时直接将其塞进大葫芦或竹篓子里，压紧扎实，挂在厨房里，下方就是灶台。茶叶经烟熏火燎，水汽蒸腾，反复水湿、烟熏、干燥，终于陈化发酵，成为真正的六堡茶。这种做法决定了传统的六堡茶不存在新茶。

当六堡茶的需求量大增以后，不仅原料茶不够用，连原有的制作工艺也无法维持，必须使用大量茶青在发酵池里“沤堆”，这是一种类似普洱熟茶“渥堆”的工艺，但通常认为这种工艺早于熟普的类似工艺。沤堆和渥堆有些不同，沤堆的堆子体积小、厚度低，冷水洒水量也较少，堆闷发酵的温度低；而渥堆要大量洒水在茶叶堆上，堆子大且厚，发酵温度高。

六堡茶更为著名的是它的“槟榔香”和祛除湿气的功效。按我个人体会，槟榔香不是一种单纯的香气感受，而是饮茶后喉部综合的感受，主要就是凉意——那是喉头涌起的一阵一阵的凉意，并且不断回旋往复，久久不散。

六堡茶

茶性　干茶乌褐，汤色红浓明亮，初入口有木质香，后有参香、陈香，茶汤厚重顺滑，喉头凉意明显。

主泡器　刷银茶壶。

水温　约一百摄氏度。

置茶量　约主泡器容量的四分之一。

时间　前五泡约三秒出汤，后续增加浸泡时间，可以冲泡十至十二泡，还可以煮饮一次。

存茶　通风、无异味、避光的环境，可以长期陈放。

干茶

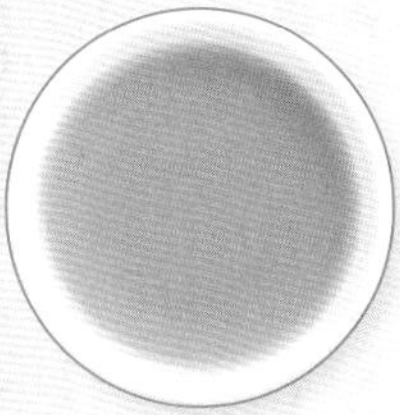

茶汤

叶底

如是茶席

柒

行走的茶席

『行走』是每个人心中的理想，可远可近，只要离开惯常的生活环境就好。我将『行走』与『茶席』两个概念结合起来，把茶、人、自然衔接起来，以茶修心，以茶利他。

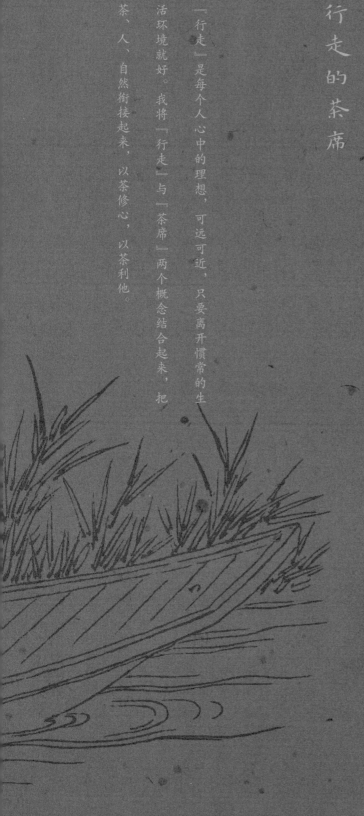

初心

“行走的茶席”是我经过长期思索在二〇一五年正式提出来的。为什么会有这样的想法？是因为长久以来对茶席设计的一些困惑：如果仅论茶席本身，那么不仅茶师要具有一定的修养，喝茶的人也要能够明了茶师的良苦用心，这对双方都是有较高要求的。如果把茶席变成一种活动或者空间艺术，则需要更多的资源。这些努力虽然有利于茶事的传播，却离生活越来越远。怎么样才能既有大格局又不脱离生活？我想到了“行走”。

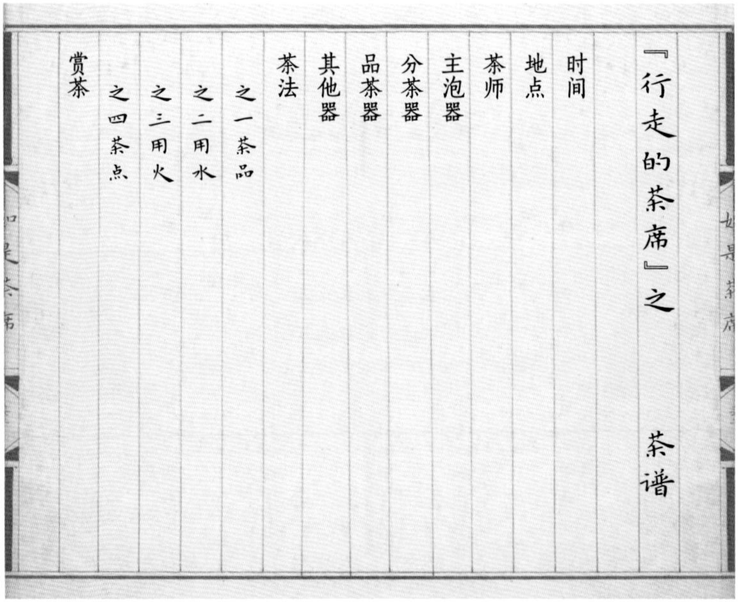

『行走的茶席』之 茶谱
时间
地点
茶师
主泡器
分茶器
品茶器
其他器
茶法
之一 茶品
之二 用水
之三 用火
之四 茶点
赏茶

柒

壹佰捌拾柒

“行走”是每个人心中的理想，可远可近，只要离开惯常的生活环境就好，“行走”结合“茶席”，可以广义地理解为：让茶人在非常态的环境中抛弃成见，布置茶席，用一碗茶反映真实的内心，并实现天、地、人的沟通与和合，从而在当下之茶中传承茶文化，乃至传播中国传统文化的大美。

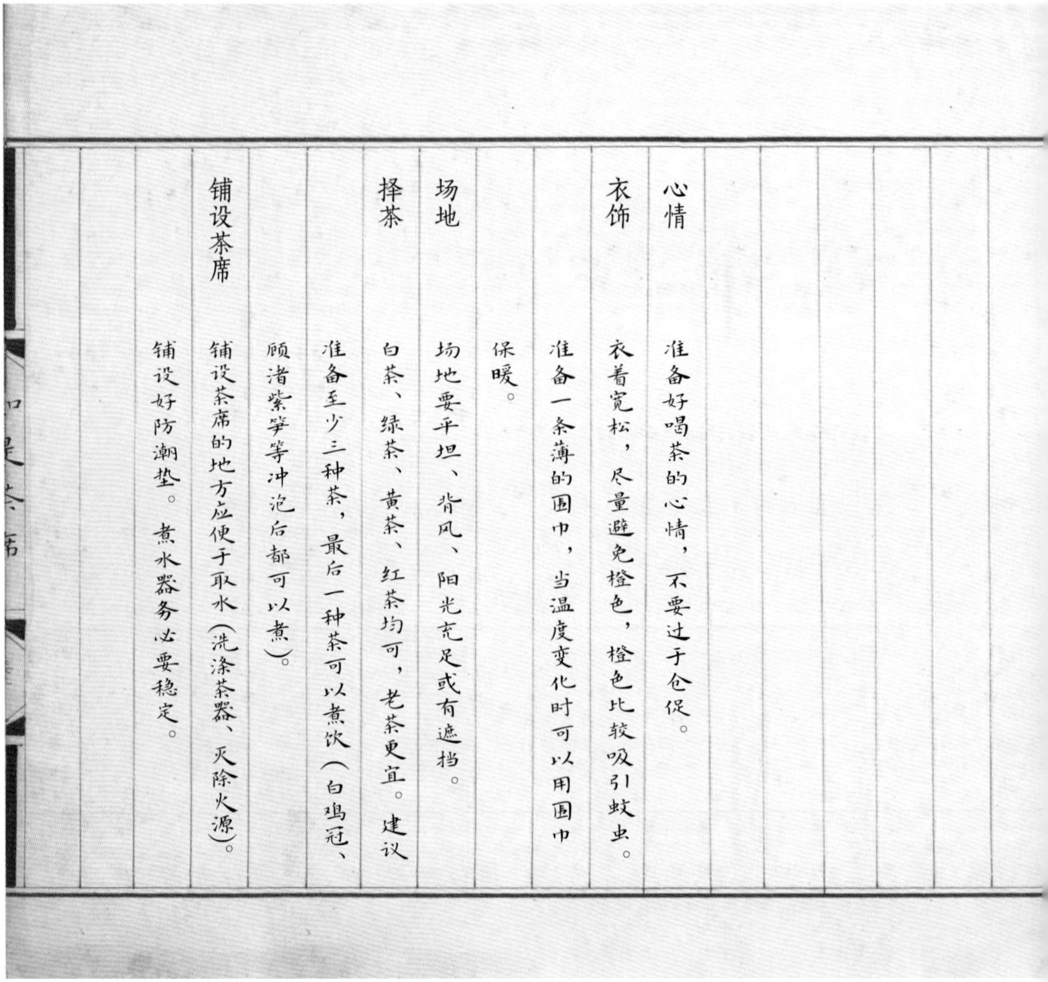

心情

准备好喝茶的心情，不要过于仓促。

衣饰

衣着宽松，尽量避免橙色，橙色比较吸引蚊虫。

准备一条薄的围巾，当温度变化时可以用围巾保暖。

场地

场地要平坦、背风、阳光充足或有遮挡。

择茶

白茶、绿茶、黄茶、红茶均可，老茶更宜。建议准备至少三种茶，最后一种茶可以煮饮（白鸡冠、顾渚紫笋等冲泡后都可以煮）。

铺设茶席

铺设茶席的地方应便于取水（洗涤茶器、灭除火源）。

铺设好防潮垫。煮水器务必要稳定。

行走的茶席系列茶事活动迄今为止已经在北京、成都、宜兴、南京等地举行过三十余次。每次茶席人数不限，一切随缘，力求不干扰生活，而盼以茶丰富生活。如果人数较多，也要进行细致的准备，通常会以“茶谱”的规范来进行。

本章举几个实例，展示不同的“行走的茶席”，丰富大家对茶事活动的认识。行走的茶席涉及户外饮茶的部分，是在天地间品茗，须提出一些注意事项。

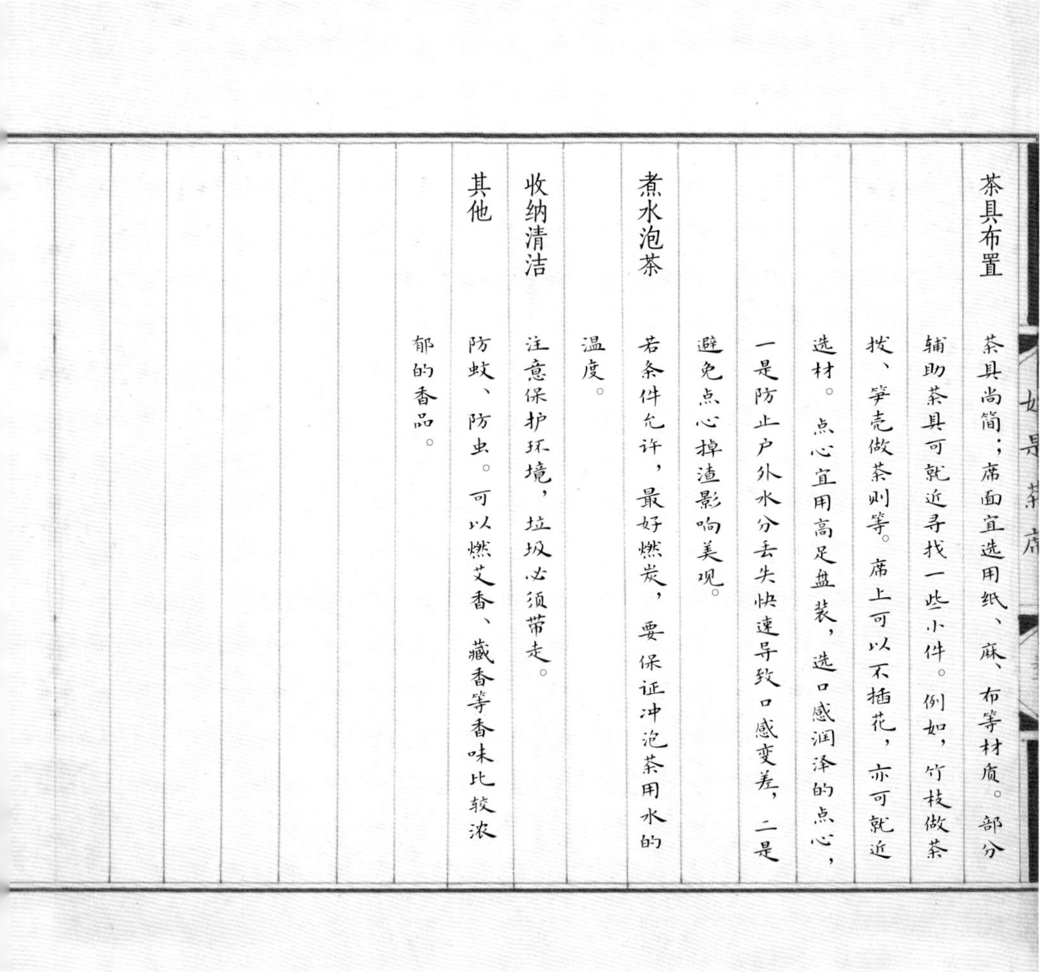

茶具布置　茶具尚简；席面宜选用纸、麻、布等材质。部分辅助茶具可就近寻找一些小件。例如，竹枝做茶拨、笋壳做茶则等。席上可以不插花，亦可就近选材。点心宜用高足盘装，选口感润泽的点心，一是防止户外水分丢失快速导致口感变差，二是避免点心掉渣影响美观。

煮水泡茶　若条件允许，最好燃炭，要保证冲泡茶用水的温度。

收纳清洁　注意保护环境，垃圾必须带走。

其他　防蚊、防虫。可以燃艾香、藏香等香味比较浓郁的香品。

阳台山

二〇一六年国庆节，难得和同修们聚一下，最好的方式还是喝茶。挂些白色帷幔，点炉沉香，惬意快哉。茶事、茶席来源于生活，同时又是生活的一部分，好好喝茶、开心喝茶。

感谢茶友满满挑选了北京的阳台山，为的是当地那口“活泉”。用这眼泉的水泡出的茶汤确实非常通透。当日大家一共喝了六款茶，从午后两点直至六点。当地盛产银杏，新打的银杏煮好后味道很好。人工栽培的银杏毒性很低，食用不超过二十颗，还是安全的。

马头岩肉桂

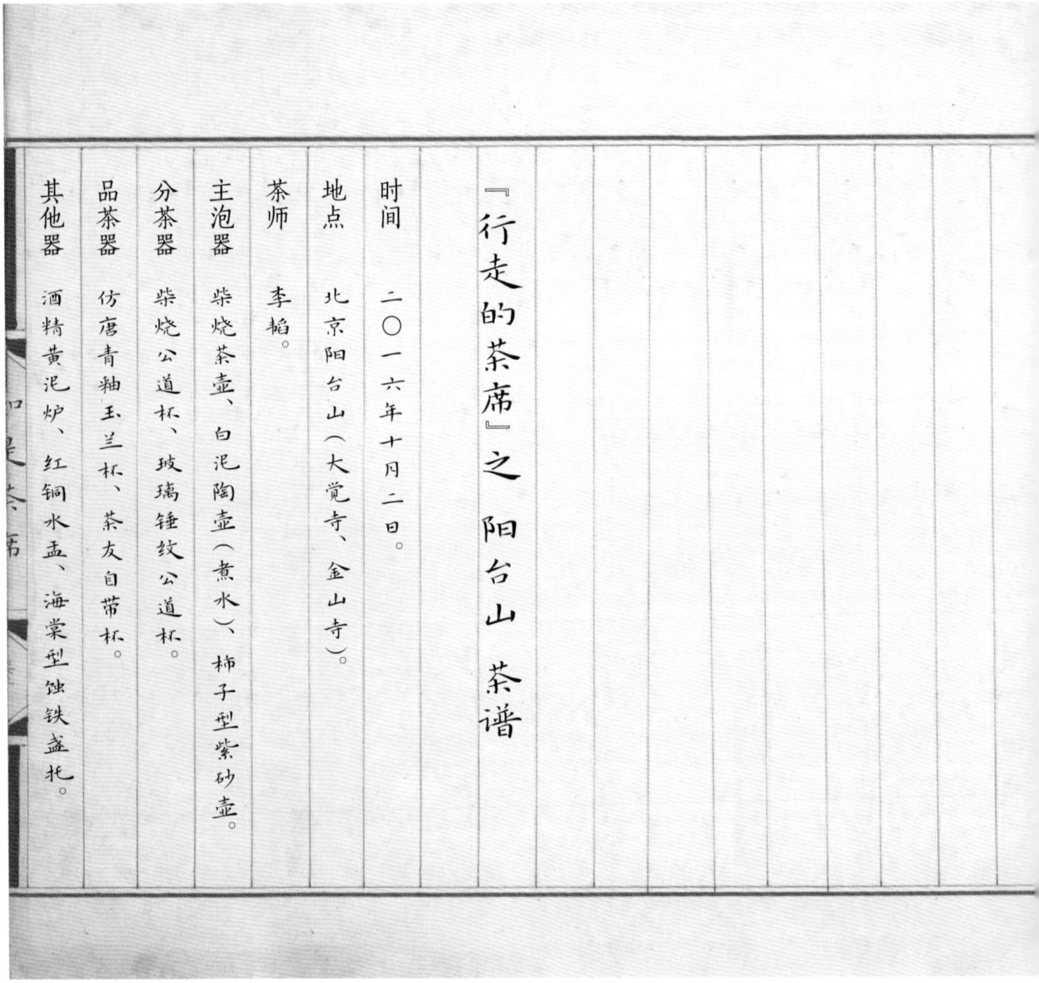

『行走的茶席』之阳台山 茶谱

时间 二〇一六年十月二日。

地点 北京阳台山（大觉寺、金山寺）。

茶师 李韬。

主泡器 柴烧茶壶、白泥陶壶（煮水）、柿子型紫砂壶。

分茶器 柴烧公道杯、玻璃锤纹公道杯。

品茶器 仿唐青釉玉兰杯、茶友自带杯。

其他器 酒精黄泥炉、红铜水盂、海棠型蚀铁盏托。

白桃乌龙

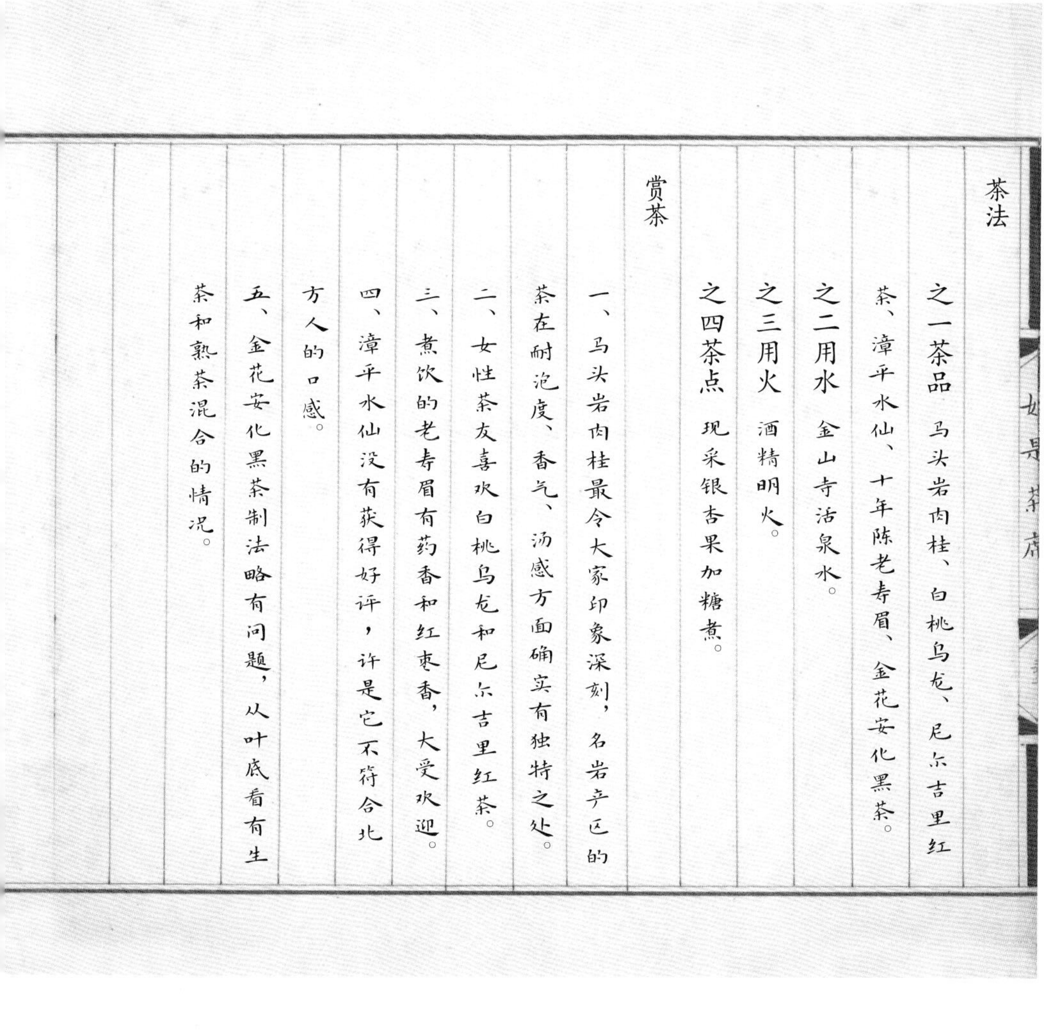

茶法

之一茶品 马头岩肉桂、白桃乌龙、尼尔吉里红茶、漳平水仙、十年陈老寿眉、金花安化黑茶。

之二用水 金山寺活泉水。

之三用火 酒精明火。

之四茶点 现采银杏果加糖煮。

赏茶

一、马头岩肉桂最令大家印象深刻，名岩产区的茶在耐泡度、香气、汤感方面确实有独特之处。

二、女性茶友喜欢白桃乌龙和尼尔吉里红茶。

三、煮饮的老寿眉有药香和红枣香，大受欢迎。

四、漳平水仙没有获得好评，许是它不符合北方人的口感。

五、金花安化黑茶制法略有问题，从叶底看有生茶和熟茶混合的情况。

观想博物馆

行走的茶席致力于将喝茶生活化、人文化，而不是将茶席舞台化，避免过分做作、刻意的调子。喝茶，应该成为生活的一部分。在这个宗旨之下喝茶，我结了很多善缘，而茶友玥翎，则带我开启了“观想博物馆”茶之旅。

观想博物馆是私人博物馆，藏品以北魏、北齐的佛像和潘玉良画作等见长，涉及的收藏门类非常广泛。当日馆内展出了一只公道杯，像是日本会津烧青釉风格，心中很是欢喜，有安静的味道，又适宜留香。

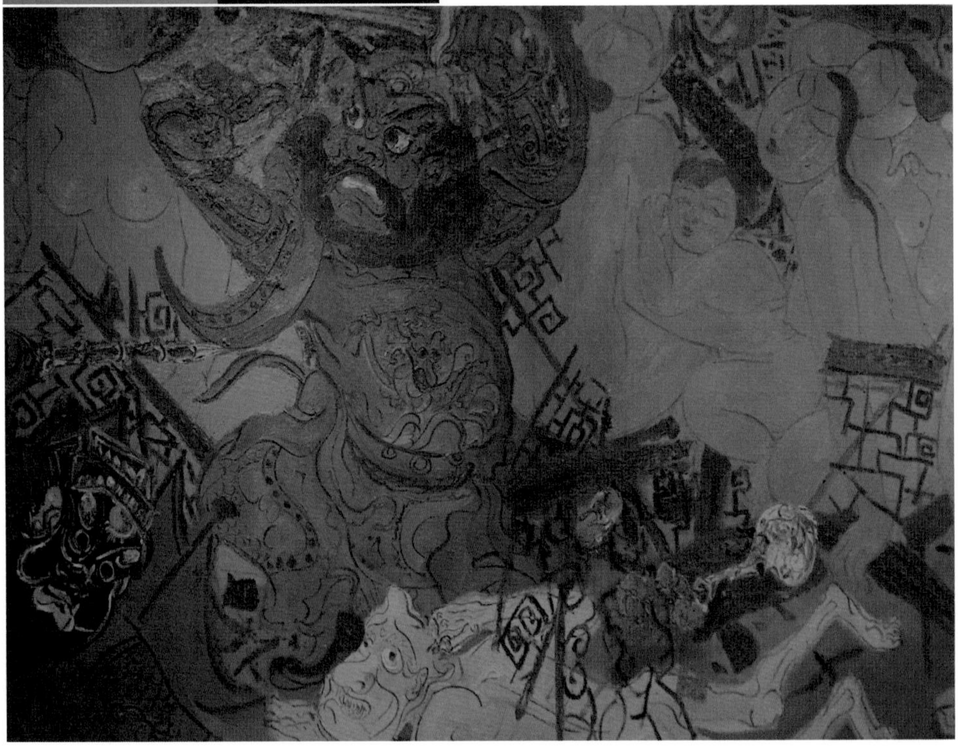

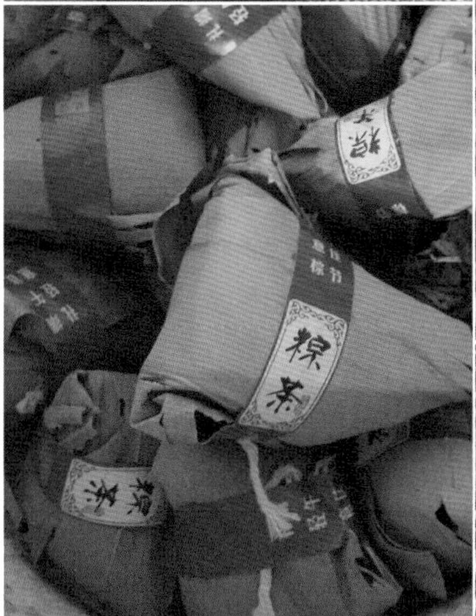
粽茶

『行走的茶席』之 观想博物馆 茶谱

时间　二〇一六年十月九日。

地点　北京观想博物馆。

茶师　闫晨璇、玥翎。

主泡器　白瓷盖碗。

分茶器　会津烧青釉贯入公道杯。

品茶器　八角白瓷杯、茶友自带杯。

其他器　无。

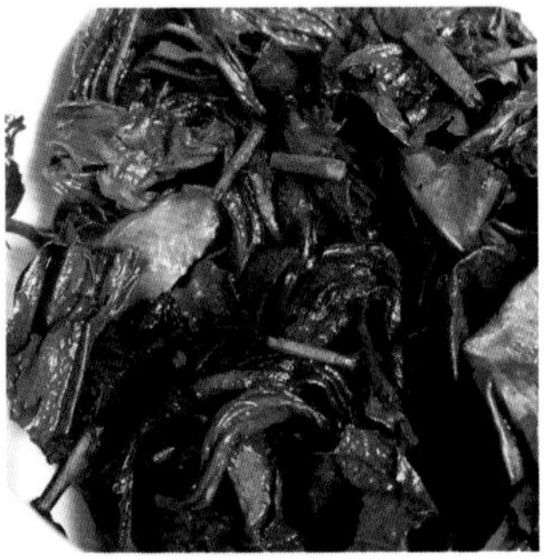

仙女牌文山铁观音

茶法

之一茶品 正岩肉桂、二十世纪九十年代中国台湾仙女牌文山铁观音、大红袍小砖。

之二用水 桶装矿泉水。

之三用火 电陶炉。

之四茶点 茶油红薯干。

赏茶

一、肉桂不耐泡，汤感衰减很快，印象不佳。

二、文山铁观音第一泡略有陈放气，第二泡开始显现品质，第五泡出现水味，但煮饮后，甜糯生津，品质非常好。是难得的好茶缘。

三、大红袍小砖烟气重，品种香较差。

正岩肉桂

大红袍小砖

古北水镇

二〇一六年十月十九日，雾霾非常严重。当天计划去古北水镇。虽然这个地方毁誉参半，然而在北京能有一大片水域，对我们还是有很强的吸引力的。红叶、黄菊、古建筑，一切让人心静。

茶会是生活的一部分，虽然天公不作美，但大家都很放松。何况，此次还邀请了亚太电影节最佳摄影奖的获奖摄影师孙少光先生，他给茶友们都拍了美照，令人欢畅。

选择了临近小荷塘的地方，泡的是普洱茶，准备了勐海、布朗、临沧等不同茶区的生茶和熟茶。

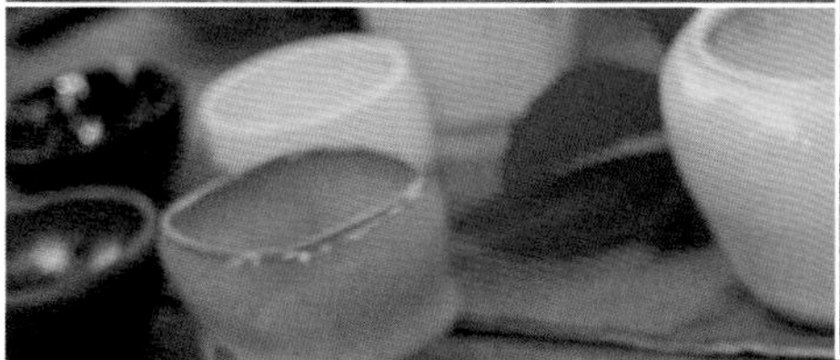

『行走的茶席』之 古北水镇 茶谱

时间　二〇一六年十月十九日。

地点　北京古北水镇。

茶师　李韬。

主泡器　紫砂壶。

分茶器　柴烧高岭土公道杯、竹影琉璃公道杯（梁明毓制）。

品茶器　朝鲜李朝仙鹤青瓷杯、冰裂青花顽石杯、建盏等。

其他器　水盂（市川孝制）。

茶法

之一茶品　陈放五至七年的曼糯生普、二〇〇六年易武生普、二〇一四勐库熟饼。

之二用水　茶馆净化水。

之三用火　电水壶。

之四茶点　蚕豆、红薯干、桂圆干、花生。

赏茶

一、曼糯生普是树龄在一百至三百年的古树茶，置茶量较大，前三泡汤色比较淡，汤感柔和，有生普的花香，叶底黄绿。

二、易武生普陈放了十年，置茶量较大，快出汤，汤色深橙黄色，有传说中的脂粉香，汤感柔和，叶底黄褐，茶馆的水水质较硬，稍影响汤感。

三、勐库熟饼，干茶油亮，汤色褐中带红，不是深深的酱油色，说明此款熟普发酵得好。微带熟普应有的堆味儿，入胃暖融融的，醇厚顺滑。如果水质碱性再小一些的话，会更好喝。

勐库熟饼

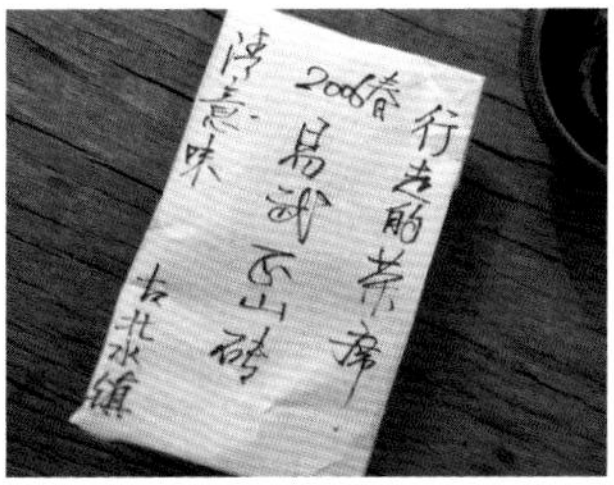

易武生普

宜兴东坡书院

柒

为了一窑炉火，我牺牲了很难得的两天休息日，休而不息，往返十二个小时，急匆匆地去了一趟宜兴。

晚餐时，经典陶坊的主人李大哥搬来几坛二十多年陈的老黄酒，我才想起来——原来是跨年了。那一年我有很多无奈：疲倦、身体状况急转直下，与太太小孩分隔两地。然而，没有别的办法，只能努力活得更好一点。期间收获当然也有，遇到了几位重要的朋友。李大哥和我同姓，话不是很多，却很温和，笑嘻嘻的，也不陌生；老于很喜欢紫砂，言语之间就能感受到；熊博士能用二十几种民族语言唱祝酒歌，真不错……

我对紫砂壶的喜爱是源于茶，疑惑则是它仿佛盛名之下其实难副。所以，我对紫砂壶的评价标准是“土、烧、型、工、艺”，经典陶坊提出的紫砂壶评价标准是“烧、土、型、工、艺”。字同，顺序不同，但关注的焦点仍是一致的。

短短两日，和李大哥相处愉快，也喝到了他的不少好茶。为了不浪费时机，我提出想用两个半小时的时间，办一次行走的茶席。陶坊的小伙伴们大力支持，选址、协调、备器、烧水、助泡，忙得不亦乐乎。

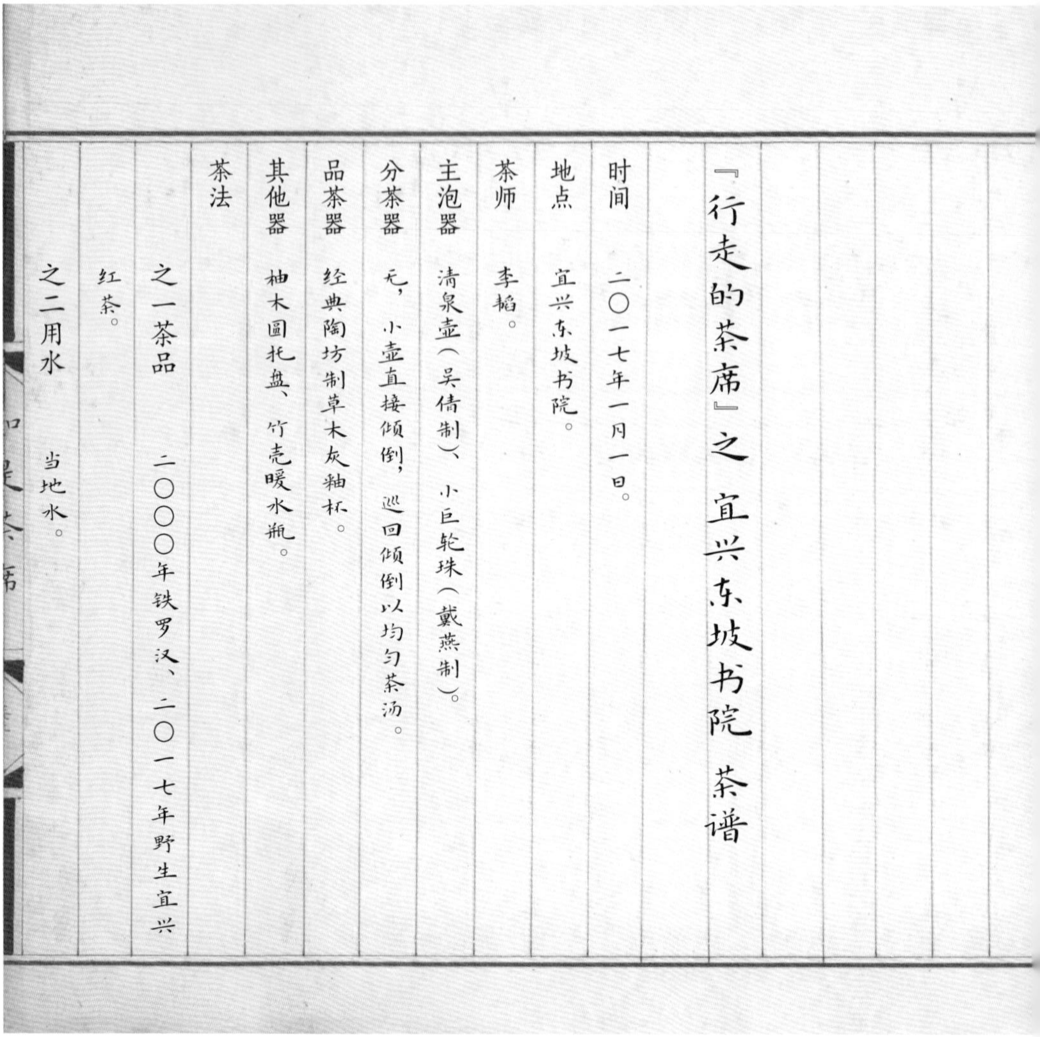

『行走的茶席』之宜兴东坡书院 茶谱

时间　二〇一七年一月一日。

地点　宜兴东坡书院。

茶师　李韬。

主泡器　清泉壶（吴倩制）、小巨轮珠（戴燕制）。

分茶器　无，小壶直接倾倒，巡回倾倒以均匀茶汤。

品茶器　经典陶坊制草木灰釉杯。

其他器　柚木圆托盘、竹壳暖水瓶。

茶法

之一茶品　二〇〇〇年铁罗汉、二〇一七年野生宜兴红茶。

之二用水　当地水。

铁罗汉

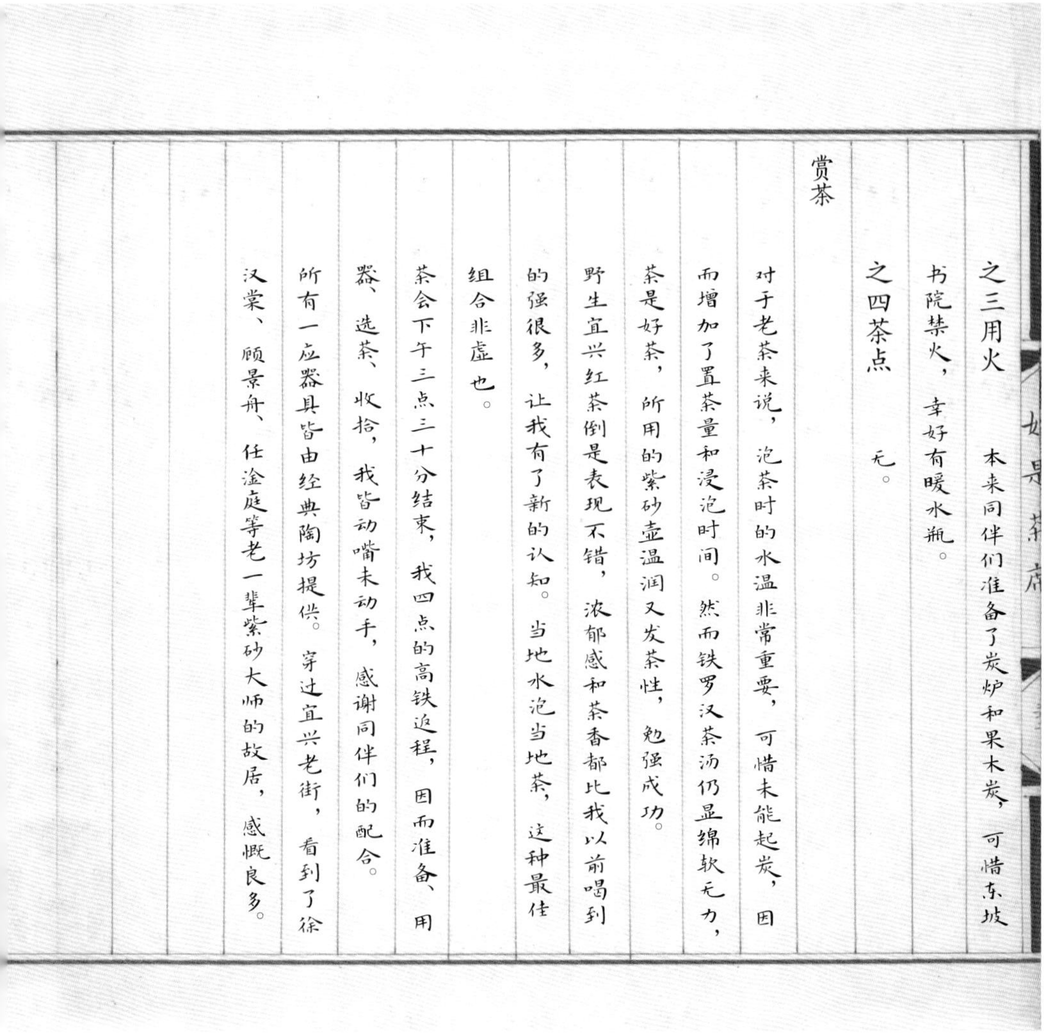

之三用火

本来同伴们准备了炭炉和果木炭，可惜东坡书院禁火，幸好有暖水瓶。

之四茶点

无。

赏茶

对于老茶来说，泡茶时的水温非常重要，可惜未能起炭，因而增加了置茶量和浸泡时间。然而铁罗汉茶汤仍显绵软无力，茶是好茶，所用的紫砂壶温润又发茶性，勉强成功。

野生宜兴红茶倒是表现不错，浓郁感和茶香都比我以前喝到的强很多，让我有了新的认知。当地水泡当地茶，这种最佳组合非虚也。

茶会下午三点三十分结束，我四点的高铁返程，因而准备、用器、选茶、收拾，我皆动嘴未动手，感谢同伴们的配合。

所有一应器具皆由经典陶坊提供。穿过宜兴老街，看到了徐汉棠、顾景舟、任淦庭等老一辈紫砂大师的故居，感慨良多。

布茶席的东坡书院，是宋代大文豪苏东坡在宜兴买田讲学之地，坐落在丁蜀镇蜀山南麓，屋宇四进，总面积为一千多平方米，始建于北宋。苏轼在宋熙宁、元丰年间，曾多次到宜兴。在漫游独山时，他看到此山独立画溪之东，山势似四川眉山，顿生思乡之情，由衷叹曰："此山似蜀。"后人遂将独山易名为蜀山。此景暗合我之境地：为生活奔波，将他乡活成故乡，而故乡则渐行渐远。

是以为记。

南京花迹

二〇一七年春，急匆匆地赶往南京的印刷厂——给刚刚印好的《蔬食真味》签名，九个多小时签了两千多册，用干了三支墨水胆。休息一晚，第二日下午便要急匆匆赶回北京。

住在南京的花迹酒店，这里朱赢椿、单雯都曾推荐过。老门东还保留了一部分老宅子，花迹确实是实打实经历了百年的老房子。我喜欢斑驳陆离的老墙，隔着镂空的花窗，院中常见的大丽花都显得别有味道。

第一款茶选了应景的南京雨花茶，用竹上流泉泡茶碗冲泡。雨花茶属绿茶类，南京的特产，是二十世纪五十年代末引种创制的茶中珍品。茶席用的是云纹织锦。

第二款茶是陈放了近二十年的老乌龙，用梨形紫砂壶冲泡。壶承是随手找的一块老搓衣板。

工作繁忙，春日不及感受春光，衣衫后面绣了几只春燕，玄鸟至，留光慢。

『行走的茶席』之南京花迹茶谱

时间　二〇一七年三月三日。

地点　南京花迹酒店。

茶师　李韬。

主泡器　竹上流泉泡茶碗、朱泥紫砂梨形壶。

分茶器　景德镇九烧柴烧白釉公道杯。

品茶器　仿原始青釉仰钟杯。

其他器　老锡梅花盏托、紫铜水盂、清代茶船、明代青花寿字纹小茶罐、老搓衣板（壶承）。

茶法

之一茶品　南京雨花茶、老乌龙。

之二用水　南京本地自来水，过滤后泡茶。

之三用火　电水壶。

之四茶点　无。

赏茶

一、雨花茶是绿茶中适口性比较好、滋味也很醇厚的品种。不过似乎近几年来茶的鲜爽度普遍有所下滑，泡开后外形也不如以前优雅。

二、老乌龙口感非常惊艳，醇和顺滑，饱满而有张力。虽然已经失去了新茶的霸气，但是内在的力量感却依然持久。

平人农场

柒

平人农场位于北京昌平，那片土地在二〇一一年被接手前已经荒了一年多。新主人接手后，严格采取有机种植的方式，使得土壤条件逐渐改善。身边一位做餐饮的朋友采购的很多有机蔬菜即来自平人农场。二〇一七年的深秋，我和朋友们决定去平人农场来一次“行走的茶席”。

“平人”这个词来自《黄帝内经》：“平人者，不病也。”“平人”就是不病之人，健康之人。那什么样的人可谓平人呢？“应天常度，脉气无不及太过，气象平调，故曰平人也。”所以，归结起来，平人指既没有不及，也不会太过的人。这个意蕴很好，所以因缘也好。总之，因缘和合，终成此席。

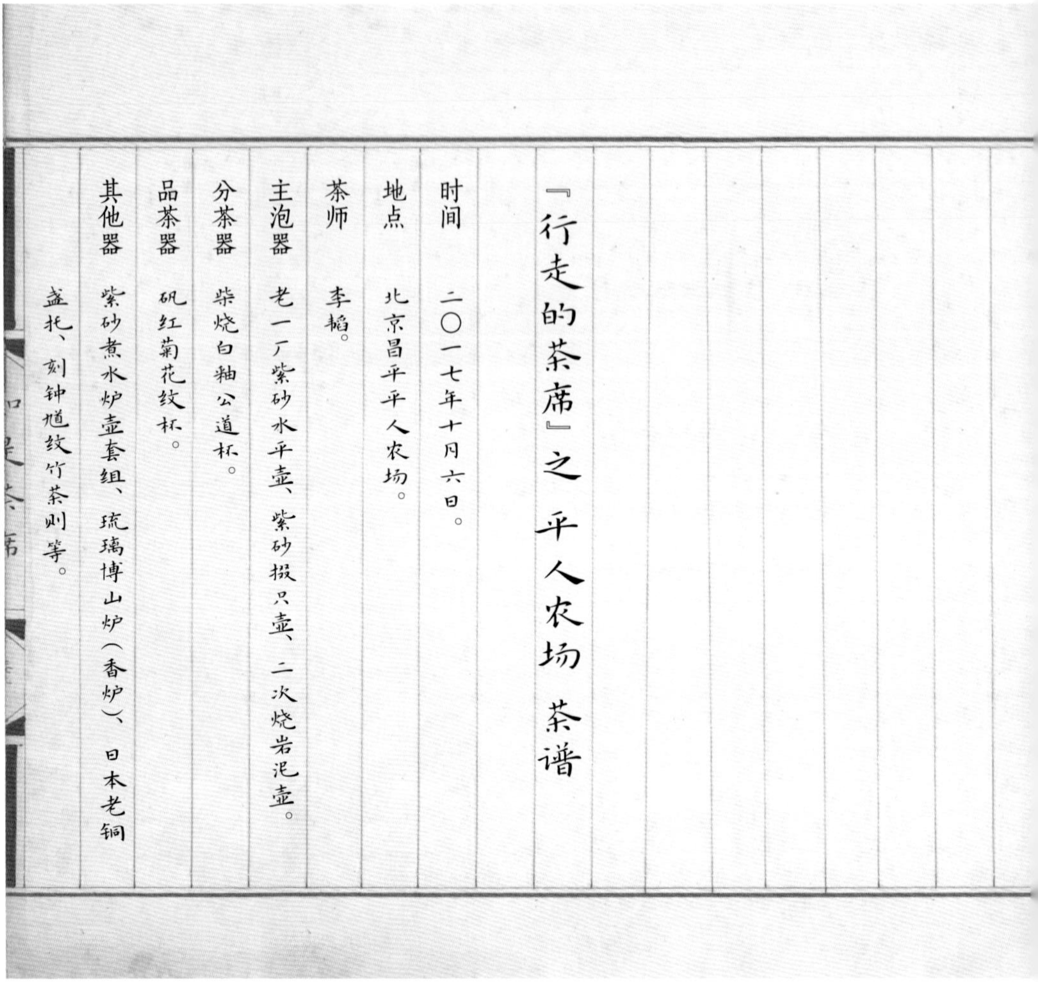

『行走的茶席』之平人农场 茶谱

时间 二〇一七年十月六日。

地点 北京昌平平人农场。

茶师 李韬。

主泡器 老一厂紫砂水平壶、紫砂掇只壶、二次烧岩泥壶。

分茶器 柴烧白釉公道杯。

品茶器 矾红菊花纹杯。

其他器 紫砂煮水炉壶套组、琉璃博山炉（香炉）、日本老铜盏托、刻钟馗纹竹茶则等。

茶法

之一茶品　百年老枞水仙、二〇〇九年老六堡茶，政和白牡丹。

之二用水　虎跑泉桶装水。

之三用火　荔枝木炭起火。

之四茶点　于小果点心。

赏茶

一、百年老枞水仙，香气持久精微，汤感顺滑有力，耐冲泡，感觉甚好。

二、二〇〇九年老六堡泡饮、煮饮都很好，浓郁而不失醇和，茶气足。

三、我自己比较喜欢政和白牡丹，此款茶陈化后也许会有比福鼎白茶更好的口感。

二〇〇九年老六堡茶

柴门茶空间

二〇二〇年秋初去了一趟南京。朋友说，这个时日，已经凉快多了。走出机舱的那一瞬间，我明白了，这个凉快和想象中的“凉快”不是一回事。看来，人生最大的变数，就是“自以为”。

想寻一个城市里的空间静一静，负责我书稿的编辑说，去柴门吧。

柴门茶空间是陈卫新先生设计的。他设计的先锋书店声名甚隆，可惜我没有去过。有这样的一个空间，我是很感兴趣的——学习一下设计师“以古观今”的理念，应该会有裨益。

柴门确实是我心悦的茶空间，面积不算大，然而一进大门，就能感受到设计者试图“曲径通幽”的转折感。进入院落，看见花窗和内部山墙，有苏州园林的意境，但是整体设计风格更硬气一些，能感受到扬州庭院建筑的俊秀。

我决定在后院的一块大石旁，依着游廊露台布一方茶席。空间里蒲草众多，皆长得挺隽秀美；院中芭蕉，卷舒浓绿，看得人满心欢喜。本想取一片芭蕉叶作为茶席布，觉得如此有些对不住芭蕉树，又担心空间主人气恼，还是以老粗布作为茶席布了。为了呼应空间的灰瓦白墙，茶器大多选用白色系，品茗杯没有全部放在茶席之上，而是在大石上摆放，呼应茶席上的那一只，取“绵延”之意。在北京泡茶，多用千岛湖所产的农夫山泉，在这里发现了安徽省安庆市宿松县灌装的“觅仙泉”之水，甚是欢欣。不过从当日几款茶来看，这水似乎更适合冲泡绿茶和白茶，冲泡熟普，汤感发散性略欠，通透却不浓厚。

这一方空间，和茶是一样的，都是借以洗心，物洗则洁，心洗则清，尘垢渐去，自有明净。

『行走的茶席』之 柴门茶空间 茶谱

时间　二〇二〇年八月二十三日。

地点　南京柴门茶空间。

茶师　李韬。

主泡器　白瓷盖碗。

分茶器　白瓷公道杯。

品茶器　白瓷杯。

其他器　老月饼模子、霁蓝釉盏托、斑竹提炉篮、白泥炉、白陶壶等。

茶法

之一茶品　老白茶（煮饮）、大佛龙井（盖碗泡）、普洱熟茶。

之二用水　安徽宿松县觅仙泉矿泉水。

之三用火　明火炭炉、电陶炉。

之四茶点　绿豆糕。

赏茶

老白茶温润顺滑，大佛龙井茶清鲜甘香，普洱熟茶口感醇厚。

中国园林博物馆

二〇二一年春，经历了一年多的疫情，老友们许久未见，决定相约出门喝茶，思来想去，选了中国园林博物馆。

当天天气不错，不算特别热，便决定在户外喝茶，选了“半亩轩榭”。半亩轩榭是对京城名园半亩园的局部复建，是典型的北方园林。主要复建的是原半亩园的精华部分“云荫堂”庭院，包括云荫堂、玲珑池馆、留客亭及仿建北海琼岛的延南薰亭，占地约五百平方米。此园说不上多么精致，但是通过流水、游廊、亭阁、山石相互借景与渗透，充分体现了“小中见大”的造园手法，有北方园林大气的特点，而又粗中见细。特别是园中仿建的叠石假山，当年曾被誉为“京城之冠”，相传是造园大家李渔所建。院内池水青碧，天鹅、斑头雁、赤麻鸭、鸳鸯等水禽自由游弋，特别是天鹅不时鸣叫几声，别有静中生动的意味。所植树木高低有序，杏、海棠等颇具北方特色，池边还有芦苇数丛，营造出有别于江南温婉之气的硬朗明净气氛。

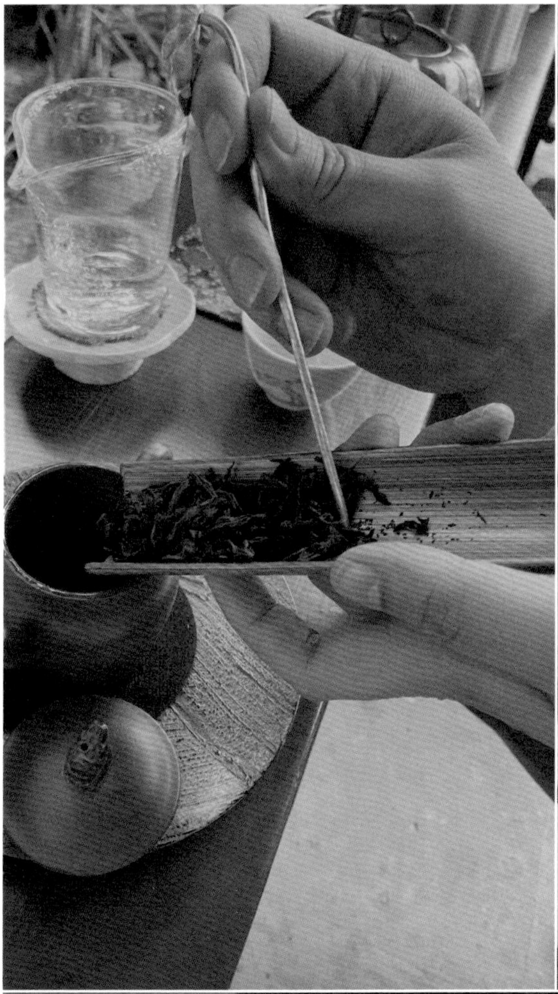

我选在留客亭布席，因地设席，没有石桌，便在亭内坐凳上布置茶具。留客处牌匾下正好有大型山石，便选了这面。因为考虑到园林和湖石，携带茶具时，便特意选了些和山石草木有关的。主泡器选了藕荷釉内绘秋葵花盖碗和山石钮紫砂壶，茶杯选了青花松枝纹杯和白底赤竹纹杯，公道杯选了琉璃气泡纹鹰嘴片口。因为考虑到不能用明火，便携带了保温水壶，也选了不需要特别高温的茶品。

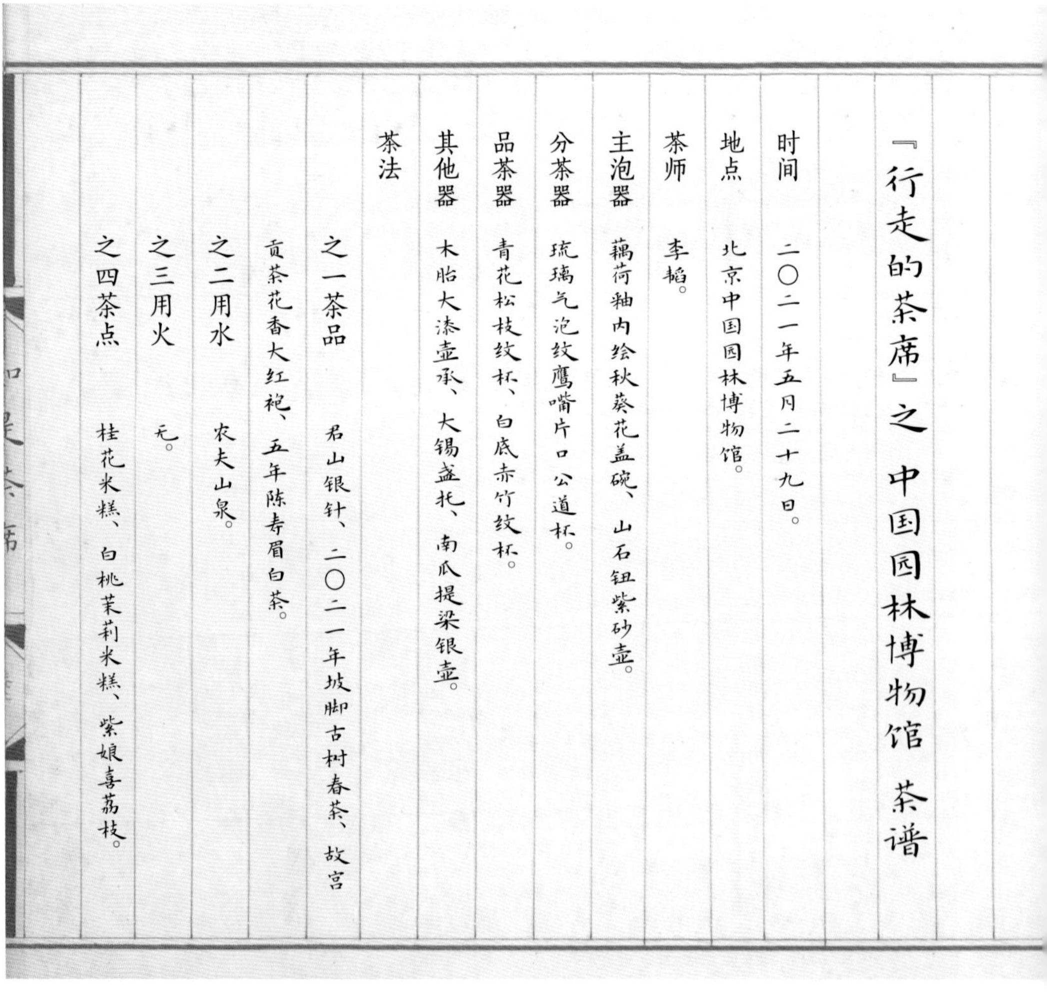
『行走的茶席』之中国园林博物馆 茶谱

时间 二〇二一年五月二十九日。

地点 北京中国园林博物馆。

茶师 李韬。

主泡器 藕荷釉内绘秋葵花盖碗、山石钮紫砂壶。

分茶器 琉璃气泡纹鹰嘴片口公道杯。

品茶器 青花松枝纹杯、白底赤竹纹杯。

其他器 木胎大漆壶承、大锡盏托、南瓜提梁银壶。

茶法

之一茶品 君山银针、二〇二一年坡脚古树春茶、故宫贡茶花香大红袍、五年陈寿眉白茶。

之二用水 农夫山泉。

之三用火 无。

之四茶点 桂花米糕、白桃茉莉米糕、紫娘喜荔枝。

喝茶喝到了闭馆，我们才依依不舍地离开。喝茶、赏园乃至生活，蕴含着相通的人文旨趣。中国的园林并不过分注重对真山真水的模仿，而是追求神似，重视意境的表达，寓情于景。园林就是“会心处”，不仅是山川树木的实体组合，更是抒发内心情感的场所。喝茶亦复如是。若能以小见大，在城市中寻觅一方山水田园，在嘈杂的内心世界里保留一处静谧的空间，才能把生活过成诗，也才能品到真正的茶香。

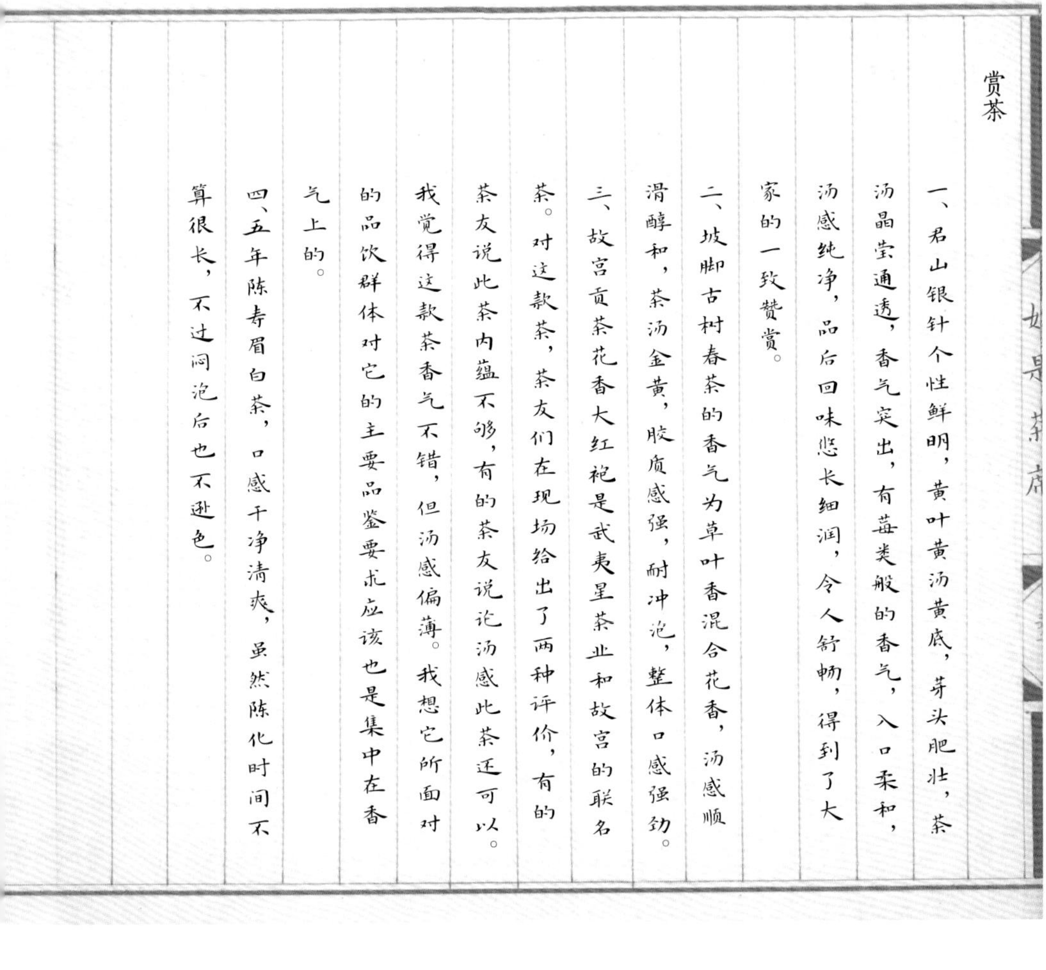
赏茶

一、君山银针个性鲜明，黄叶黄汤黄底，芽头肥壮，茶汤晶莹通透，香气突出，有莓类般的香气，入口柔和，汤感纯净，品后回味悠长细润，令人舒畅，得到了大家的一致赞赏。

二、坡脚古树春茶的香气为草叶香混合花香，汤感顺滑醇和，茶汤金黄，胶质感强，耐冲泡，整体口感强劲。

三、故宫贡茶花香大红袍是武夷星茶业和故宫的联名茶。对这款茶，茶友们在现场给出了两种评价，有的茶友说此茶内蕴不够，有的茶友说论汤感此茶还可以。我觉得这款茶香气不错，但汤感偏薄。我想它所面对的品饮群体对它的主要品鉴要求应该也是集中在香气上的。

四、五年陈寿眉白茶，口感干净清爽，虽然陈化时间不算很长，不过闷泡后也不逊色。

岩茶里有『三个半』师傅——做青师傅、焙火师傅、看茶师傅，还有半个是泡茶师傅，我就是那半个。

后记

所谓茶人及茶人的生命力

我的微信称呼里有"茶人"这样的字眼，有的朋友不是很理解。有时候被追问，我就解释这是因为我喜欢岩茶，岩茶里有"三个半"师傅——做青师傅、焙火师傅、看茶师傅，还有半个是泡茶师傅，我就是那半个。这"三个半"师傅，都是茶人。

实际上，按照现代的理解，狭义上来讲，茶人可能主要指泡茶师傅。虽然我推崇"生活茶"，不太建议将茶事完全地职业化，但是也要承认，既然要称为"师傅"，那应该是有技术的人。茶人的技术是什么？当然是更高层次的综合修养。

艺术总是相通的，一个人在插花、焚香、书画、琴音等方面的艺术修养，都会对泡茶技术产生微妙的影响。只不过茶人首要的技术是泡茶，缺乏对泡茶技术的关注也就不可能真正上升到以茶为载体的艺术。

所以，由此推及，茶人真正的生命力在于所泡的茶——茶汤的表现力。这个过程不是单向的，不是把茶汤倾倒在茶碗里就算完成了，那顶多称为表演；整个过程必须是双向的——喝茶人把茶汤喝了下去,并且有自己的感受,不论是否说出来。

茶人的生命力即茶汤的表现力，而茶汤的表现力则来自茶人所营造的关乎茶的色、声、香、味、触、法,是喝茶人的眼（看茶汤颜色）、耳（听煮水、冲泡的声音）、鼻（闻干茶、茶汤、叶底的香气）、舌（品饮适宜温度的茶汤）、身（拿起茶杯、嘴唇碰触杯沿）、意（置茶量、浸泡时间、水温、冲泡手法等）的感知。

如果茶空间的陈设、音乐的旋律、香的味道、茶点的滋味、茶器的手感、茶会的仪轨等不能对当下所泡的茶产生有意义的影响，只是为了所谓的“雅”而将各种因素胡乱堆砌，反而会冲淡茶汤的表现力。一场茶会下来，没有滋养，没有收获，大家凑热闹一般拍拍照，发发朋友圈，何谈茶人与茶事长久的生命力？

泡茶自己喝，茶照亮你；

泡茶大家喝，茶照亮彼此。

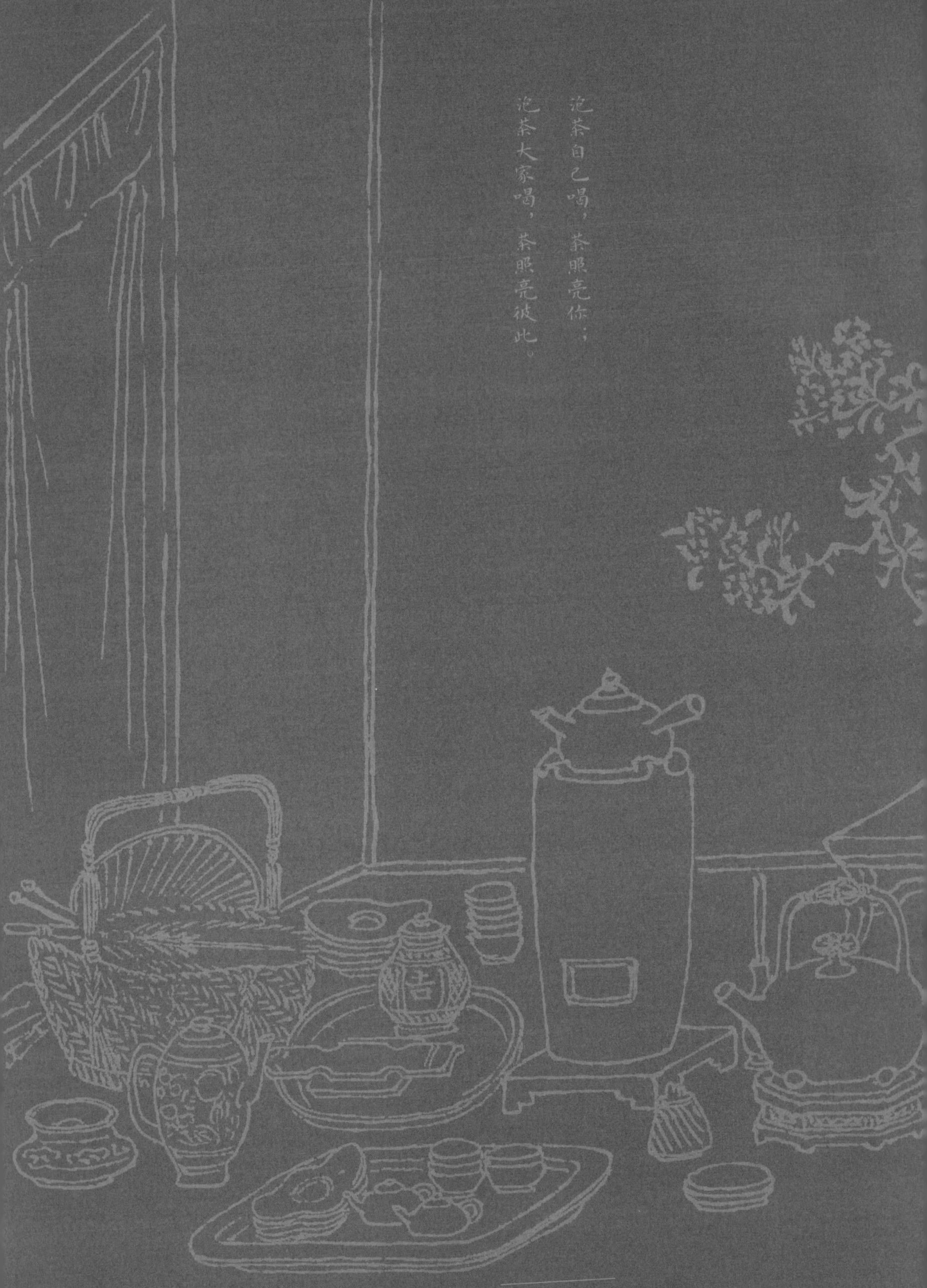